本书的出版得到了江西省高校人文社会科学重点研究基地——南昌大学旅游研究院以及南昌大学提升综合实力建设项目"旅游新型业态发展与多产业融合"的资助。

THE EARLY WARNING STUDY ON THE TOURISM
ENVIRONMENTAL CARRYING CAPACITY OF
COASTAL AREAS IN CHINA

我国沿海地区
旅游环境承载力预警研究

王佳 著

中国社会科学出版社

图书在版编目（CIP）数据

我国沿海地区旅游环境承载力预警研究／王佳著 . —北京：中国社会科学
出版社，2017.6
ISBN 978 - 7 - 5203 - 0577 - 8

Ⅰ . ①我… Ⅱ . ①王… Ⅲ . ①沿海—旅游环境容量—环境承载力—
研究—中国 Ⅳ . ①X26

中国版本图书馆 CIP 数据核字（2017）第 137522 号

出 版 人 赵剑英
责任编辑 彭莎莉
责任校对 林福国
责任印制 张雪娇

出 版 中国社会科学出版社
社 址 北京鼓楼西大街甲 158 号
邮 编 100720
网 址 http://www.csspw.cn
发 行 部 010 - 84083685
门 市 部 010 - 84029450
经 销 新华书店及其他书店

印 刷 北京君升印刷有限公司
装 订 廊坊市广阳区广增装订厂
版 次 2017 年 6 月第 1 版
印 次 2017 年 6 月第 1 次印刷

开 本 710×1000 1/16
印 张 13.75
字 数 203 千字
定 价 59.00 元

目　　录

第一章　绪论

一　研究背景

人类社会历史演变过程是经济基础、社会文明、价值观念、科学技术等不断提升和改变的过程，同时也是人类社会与生态环境系统相互作用、相互影响的过程。当今世界已进入高速发展的工业化、现代化、信息化和国际化时期，人们的物质生活得到极大满足，与此同时也存在全球气候变暖、臭氧层破坏、雾霾蔓延、生物衰竭、森林覆盖面积大幅减少、海岸线萎缩、大气/水/海洋污染等世界性环境问题，因而世界各国非常重视资源与环境保护，统筹生态、环境、经济和社会系统协调可持续发展成为全球热点话题。

旅游业在经济社会发展过程中表现出显著的规模效应和强劲的发展潜力，在世界经济系统中的产业地位、对经济/文化/环境的促进作用日益提升。自改革开放以来，我国旅游业历经 40 多年的发展演变，经济地位不断提升，已经成为支撑各地经济发展的主导型或优势型产业。特别地，我国东部沿海地区幅员辽阔，土地面积占全国总面积的 12.4%，人口密集，人口数量达到全国总人口的 36%，经济发达，地理位置优越，开放程度较高，海域面积广阔，资源开发空间巨大，具备发展旅游业的良好资源、经济、生态等基础条件，其旅游产业尤其是滨海旅游业在国民经济发展中起到重要作用，促使地区逐渐成为全国旅游产业发展格局中的核心增长极和先行发展区。沿海地区集聚了多种旅游资源和大量旅游企业，创造的旅游经济效益占全国一半以上，形成了环渤海、长三角和泛珠三角三大旅游产业集聚区，产生了不同程度的旅游集聚效应。尤其是海南国际旅游岛、浙江海洋经济发展示范区、山东半岛蓝色经济区等国家层面的海洋经济发展战略的颁布与实施，滨海旅游业作为一种新兴产业得到快速发展，对于推进经济发展、海洋开发、加快海陆一体化与"新东部"建设起到不可替代的作用。

我国沿海地区旅游环境具有复杂性和脆弱性特点，容易受到自然和人为因素的干扰与破坏。伴随着旅游业规模化、产业化发展，沿海地区旅游投资力度不断加大，兴建了大批旅游景区景点、旅游酒店、度假村等旅游企业，旅游产业扩张速度加快，一方面有效提高了旅游业接待能力和吸引力，另一方面产生了旅游地产无序开发、旅游开发商恶性竞争、旅游景区超载或弱载经营、旅游污染物超标排放等问题，特别是旅游旺季集聚大量人流、物流和商流，部分地区出现游客超载现象，同时面临洪涝/台风/风暴潮/赤潮等自然灾害、经济危机、交通事故等意外风险，另外，当前我国沿海地区旅游产业在旅游资源可持续利用、资源一体化、产业结构调整、产业空间布局等方面存在诸多问题，一定程度上破坏了沿海地区旅游资源体系和生态环境系统，造成旅游环境超载或弱载、旅游经济非均衡发展、旅游市场秩序混乱、旅游产业结构不合理、旅游负效应日益显现、海洋生态系统失衡、生态环境自净能力降低、资源支撑旅游发展的能力不断弱化等问题，最终导致我国沿海地区旅游环境面临着生态环境与自然资源的巨大压力和诸多挑战，制约了我国旅游业整体实力的提升，减缓了我国建设旅游强国的步伐。

预警是根据研究对象在一定时期的状态与警界线的偏离程度，判别并预报不同等级预警信号的过程，这是一种利用先行指标测量过去、现在或未来发展趋势和风险强度的有效手段，也是各地政府部门或企事业单位制定即时风险调控措施和危机警情预警方案的理论依据。我国预警理论研究主要集中于自然灾害预防、生态资源保护、社会宏观管理及企业危机管理等领域，20 世纪 80 年代预警机制开始引入我国旅游领域，但国家旅游预警制度管理体系尚未形成。2000 年国家旅游局正式启动全国假日旅游预报系统，这是我国旅游出行预警系统的雏形，便于为旅游企业和旅游者提供相关旅游信息。2006年国家旅游局和外交部发布的《中国公民出境旅游突发事件应急预案》中提出构建由收集信息、评估预警和发布警情等内容的旅游预警预报系统，标志着我国旅游预警机制的初步形成。2011年，面对海南省旅游业发展所带来的环境破坏和市场秩序混乱等问题，许多学者提出建立面向旅游者的旅游接待预警机制，以期有效控制旅游市场秩序和增强旅游管理效率。2012年以来旅游"黄金周"期间各大景区出现了不同程度的"井喷"现象、交通堵塞和安全事故等问题，虽然各地纷纷启动应急预案，如庐山景区启动交通管理预案，实行限时管制、部分时段暂停售票；华山景区将游客疏导至相关临时停车场，并放缓售票速度，但是仍然难以缓解景区"超载"和交通堵塞问题。2015年4月1日，国家旅游局正式颁布《景区最大承载量核定导则》，要求各大景区核算游客最大承载量，并制定游客流量控制预案。

全国各大旅游目的地经营管理者、业界学者对旅游环境承载力预警研究予以高度重视。2017年政府工作报告中提出"建立资源环境监测预警机制，加大生态环境保护治理力度，大力发展乡村、休闲、全域旅游"的工作任务。旅游"十三五"转型时期应积极改善环境、加快全域旅游建设，促进生态环境与旅游产业协同发展、转变旅游发展模式、提高旅游业环境承载能力、调控旅游超载或弱载问题。综上所述，旅游业发展所依托的自然与人文环境系统呈现出动态变化、复杂易损等特征，旅游环境承载力超载或弱载现象的发生均会对其造成严重破坏，导致生态失衡，因而旅游政府部门、旅游企业等相关组织必须对旅游环境承载力实施严格、有效的调控管理，对抑制区域旅游可持续发展的资源、环境承载问题进行动态监测，预先发出旅游环境承载力预警信号，采取行之有效的调控与管理措施，以期促进区域旅游资源、社会经济与生态环境系统均衡发展。

二 研究意义

旅游环境承载力预警是对旅游生态环境系统可持续发展承载能力

和偏离期望状态的评价、预测和调控，是对区域旅游可持续发展过程进行监测与调控的手段，将其运用到我国沿海地区旅游可持续发展研究具有重要理论与现实意义。

（1）旅游环境承载力预警研究尚处于起步阶段，通过运用预警理论和相关预警实践成果，构建旅游环境承载力预警研究的概念体系、基础理论、评价指标、评价方法、预警管理等理论体系，利用系统动力学方法建立旅游环境承载力预警仿真模型，有利于完善旅游环境承载力综合评价和动态分析理论，进一步拓展旅游预警的研究内容，为促进旅游复合系统的可持续开发、旅游产业与生态环境协调发展提供理论依据和方法参考。

（2）基于沿海地区地理环境的特殊性与复杂性、旅游生态系统的脆弱性，深入研究我国沿海地区旅游环境承载力预警指标体系、研究方法、预警仿真模型和调控管理系统，从时空角度全面分析沿海地区旅游环境承载力预警系统的运行状态和变化规律，分析在可持续发展目标下旅游环境承载力系统出现警情的时空范围和危害程度，构建相应的预警管理系统和保障机制，能够为调控或预防我国沿海地区旅游承载力现实警情及潜在警情、缓解旅游环境超负荷承载问题、平衡旅游环境承载地域差异、优化滨海旅游业空间发展格局等提供技术支撑，对于推动沿海地区及其他地区旅游业的可持续发展起到现实指导作用。

三 研究进展

（一）旅游环境承载力研究

1. 国外研究

1838 年比利时学者 P. E. 弗胡斯特（P. E. Forest）从生态学角度结合马尔萨斯的人口理论提出"环境容量"（Carrying Capacity）的概念，即生物群体的可利用食物量及其增长速度所存在的极限值。此后，环境容量逐渐引入到生物、地理、环境、社会、海洋和经济管理等学科，广泛应用于生态保护、岩土工程、土地利用、畜牧养殖、城市规划、海域资源管理和旅游等多个领域①。旅游环境容量研究起源于 1963 年,是由拉佩芝率先提出,他认为旅游环境质量和游客满意的提高,需要将旅游地的游客容量控制在一定极限值范围内。到目前为止,关于旅游环境容量(承载力)的国际学术研究规模较大,在 Elsevier 外文数据库输入 "tourism carrying capacity" 进行全文检索(2017 年 3 月 31 日),查询到从 1963 年到 2017 年有 16390 条结果,学术研究涉及旅游规划与管理、海洋开发、管理与政策、生态经济、资源环境、城市规划、环境影响与评价等领域,以国家公园、滨海地区、海岛、景区景点、城市及城郊旅游目的地等研究对象,注重案例分析方法,初步形成了旅游环境承载力的概念内涵、特征类型、系统构成、评价方法和调控措施等理论框架,对全球旅游业可持续发展起到积极作用。从学术研究数量的时间变化趋势来看,20 世纪 60—70 年代是起步阶段,学者在旅游研究中开始关注旅游环境容量问题,20 世纪 80—90 年代是发展时期,学者尝试分析旅游环境承载力的含义、性质、分类方法和调控措施等,21 世纪初至今是成熟时期,旅游环境容量理论体系较为完善,并在旅游规划、旅游管理和可持续发展方面得到广泛运用。

(1)20 世纪 60—70 年代——起步阶段

1963 年拉佩芝提出旅游环境容量的概念以后,1964 年韦格进一步对游憩环境容量进行解析,将其定义为在游憩区域能够维持产品具有持久优质特性的基础上所能容纳的游憩使用量②。20 世纪 70 年代以后,大众旅游快速发展的同时带来了一系列旅游环境问题,旅游环境承载力研究日益受到重视,研究深度和广度都得到进一步提升。1970 年生态学家 Streeter 非常关注当时旅游业发展所带来的资源破坏、动植物减少、旅游环境恶化等问题,他发表相关言论呼吁学界要重视旅游环境容量研究。1971 年 Lime 和 Stankey 等就旅游环境容量问

① 杨锐:《风景区环境容量初探——建立风景区环境容量概念体系》,《城市规划汇刊》1996 年第 6 期。

② Wager, J. Alan, "The Carrying Capacity of Wild Lands for Recreation", *Forest Science Monography*, Washington, D. C.: Society of American Foresters, 1964.

题展开激烈讨论①，1977 年 Lawson 在其专著中也探讨了旅游环境容量问题②，1979 年 Jaakson 分析了湖泊地区所能承受休闲活动的能力③。1978—1979 年世界旅游组织在年度工作报告中正式提出旅游环境容量的概念，并在随后的两年内继续探讨"旅游地饱和"和"度假饱和与超载现象的风险"，促使旅游环境容量研究走向国际研究领域。这一时期旅游环境容量只是在旅游生态环境领域进行少量研究，尚未引起社会的关注。

（2）20 世纪 80—90 年代——发展时期

20 世纪 80 年代以来，学者对旅游环境容量的概念、分类、影响要素等方面理论进行了深入分析，并结合实践进行案例分析，得出许多有益于区域旅游可持续发展、科学规划和有效管理的方法措施。1986 年 Pearce 等分析了美国旅游海岸和国家公园的旅游环境承载能力④。1989 年 Edword Inskeep 认为旅游环境容量应综合考虑旅游业整体接待能力和旅游地的环境承载能力。特别地，这一时期旅游环境容量不仅仅只是科学理论，而是逐渐成为管理理念在旅游发展过程中发挥积极作用。1985 年 Stankey 等人提出"可接受改变的极限"（Limits of Acceptable Change，LAC）理论，广泛应用于美国野生动植物管理工作中，并成为可持续发展理论的基础内容纳入到区域旅游开发与规划研究内容⑤。然后美国国家公园管理者提出"游客体验与资源保护理论"（Visitor Experience & Resource Protection，VERP），将其作为监

① L. Lime and G. H. Stankey, "Carrying Capacity: Maintaining Outdoor Recreation Quality", *Northeastern Forest Experiment Station Recreation Symposium Proceedings*, 1972.

② Lawson F., Boyd M., *Tourism and recreation development*, London: Architectural Press, 1977.

③ R. Jaakson, *A Spectrum Model of Lake Recreation Development-A Handbook on Evaluating Tourism Resources*, Architectural Press, 1977.

④ Douglas Pearce, *Tourism Today: A Geographical Analysis*, New York: John Wiley & Sons, Inc, 1987.

⑤ Stankey G., Cole D., Lucas R., et al., "The limits of acceptable change (LAC) system for wilderness planning", *General Technical Report INT* – 176. Ogden, UT: United States Department of Agriculture, Forest Service, Intermountain Forest and Range Experiment Station, 1985.

管工作、规划决策的重要工具①。但是，研究方法以定性分析为主，缺乏量化分析及评价标准，案例分析具有个例特征，尚未形成普遍适用于整个旅游环境承载力评价研究的理论体系。

（3）21世纪初至今——成熟时期

进入21世纪以后，学者更加关注旅游环境承载力定量评价及其发挥管理功能，在有效指导区域旅游规划、开发和管理方面发挥了重要作用。2001年Tony Prato在前人的基础上构建生态系统适应性管理（Adaptive Ecosystem Management，AEM）和容量多因素评分测试模型（Multiple Attribute Scoring Test of Capacity，MASTC）对美国国家公园的旅游环境承载力进行定量测度，为经营管理者做出科学决策提供参考②。Navaroo Jurado等针对滨海旅游目的地人文景观，构建旅游环境承载力定量评价模型和各项指标标准，该评价模型具有普遍适用性③。Steven Lawson等引入计算机仿真方法构建定量评价模型，定量评估与预测亚克斯公园的旅游社会承载力，目的在于指导公园的经营管理、设施维护和环境保护④。运用Santana cave旅游承载力分析方法，以巴西为研究对象，测度在规定旅游路径和投影场景下的游客可接受的气温临界值，这种方法不仅将旅游者承载能力作为一种动态管理工具，而且是作为提高游客的参观能力的有效方法（Heros Augusto Santos Lobo，2015）⑤。运用线性回归分析法，从游客需求视角，构建基本决

---

① National Park Service，"The Visitor Experience and Resource Protection（VERP）Framework"，*A Handbook for Planners and Managers*，Washington，D. C.：National Park Service，1997，p. 5.

② Tony Prato，"Modeling carrying capacity for national parks"，*Ecological Economics*，Vol. 39，2001，pp. 321 – 331.

③ E. Navarro Jurado，M. Tejada Tejada，F.，Almeida Garcia，etc.，"Carrying capacity assessment for tourist destinations-Methodology for the creation of synthetic indicators applied in a coastal area"，*Tourism Management*，Vol. 33，2012，pp. 1337 – 1346.

④ Steven R. Lawson，Robert E.，Manning W. A. et al.，"Proactive monitoring and adaptive management of social carrying capacity in Arches National Park：an application of computer simulation modeling"，*Journal of Environmental Management*，Vol. 68，No. 3，2003，pp. 305 – 313.

⑤ Heros Augusto Santos Lobo，"Tourist carrying capacity of Santana cave（PETAR-SP，Brazil）：A new method based on a critical atmospheric parameter"，*Tourism Management Perspectives*，2015，pp. 67 – 75.

定因素、中介决定因素和直接决定因素三方面指标，测度影响主题乐园游客环境容量的因素（Yingsha Zhang，2017）①。这一时期旅游容量及旅游环境承载力定量研究取得了较大进展，科学运用计算机仿真、地理信息系统等软件，扩展定量评价模型和方法体系，旅游环境承载力不仅包括空间的概念，而且强调时间概念，研究内容从旅游环境系统的内部环境承载力分析扩展到内外部综合环境承载力研究，而且更加重视旅游社会环境承载力和当地居民心理满意度研究。目前旅游环境承载力已经成为一种管理决策工具，为旅游业的可持续发展提供了理论指导。探讨其现实的发展状态和未来的发展潜力与趋势以及如何运用该理论预测和调控旅游地环境问题，将成为今后旅游环境承载力研究的重要内容。

2. 国内研究

（1）数量轴分析

通过中国知网检索工具，输入"旅游环境容量 & 旅游环境承载力"进行主题模糊检索（2017年3月31日），得出2461条结果。从学科角度来看，旅游环境承载力研究不仅是旅游学科（共1593篇）的研究内容，还受到环境科学（473篇）、可持续发展与宏观经济管理（256篇）、资源科学（236篇）、建筑科学与工程（192篇）、林业（84篇）、农业经济（80篇）、经济体制改革（42篇）、自然地理学和测绘学（36）、数学（26篇）、水利水电工程（29篇）、文化（22篇）、工业经济（18篇）、计算机软件及计算机应用（17篇）和海洋学（16篇）等学科的关注。从时间上来看，我国旅游环境承载力研究可以分为三个阶段，20世纪80年代处于初步探索时期，仅有13篇相关论文，以期刊论文为主，20世纪90年代是稳步发展时期，相关研究达到82篇，包括期刊论文和会议论文，2000年至今则是我国旅游环境承载力研究的快速提升时期，论文研究数量达到2298篇，其中硕博论文的数量逐渐增加，国家级、省部级项目支撑的论文数量

---

① Yingsha Zhang, Xiang (Robert) Li, Qin Su, Xingbao Hu, "Exploring a theme park's tourism carrying capacity: A demand-side analysis", *Tourism Management*, 2017, pp. 564 – 578.

也有大幅度提升，表明其研究层次得到提升，研究内容同时也受到国家以及各级政府、科研院所的高度重视。

（2）时间轴分析

第一，初步探索阶段。20世纪80年代，旅游环境承载力或旅游环境容量研究引起国内学者的关注。1981年，刘家麒率先在《旅游容量与风景区规划》一文中提出"风景区旅游容量的概念"，探讨了风景区旅游环境容量的影响因素，包括风景区的特点、风景区可供游人活动的空间面积、主要风景点可供游人活动的空间面积、水、交通、住宿、餐饮等，并以泰山景区为例测算风景区旅游容量以及每个游人最低限度需要的面积，开创了我国旅游环境容量研究①。1983年，赵红红正式提出"旅游环境容量"的概念，针对苏州市旅游环境问题，探讨苏州旅游环境容量的测算方法和改善措施，为其他景区景点旅游环境承载力的定量测算提供参考②。李时蓓从大气环境规划角度分析旅游环境容量的概念，构建大气质量最优控制模型和对策模型，用以测算以燃煤为主要能源结构的旅游城市环境容量，为旅游城市的发展提供参考③。杨森林从社会心理角度，解析旅游社会承载力的含义，并结合我国旅游发展现状，将当地居民作为旅游环境承载力的研究对象，提出制定合理规划、尊重旅游地居民、切实进行旅游地保护性建设、加强宣传教育等措施来扩大旅游业经济效应④。

总之，该阶段探讨了旅游环境容量的内涵和定义，学界普遍认为旅游环境容量就是区域所能容纳的旅游者数量的最大值，探讨旅游环境容量研究的重要性和必要性，并尝试性地从旅游规划角度测算特定景区景点、城市的可容纳游客规模，有助于指导研究对象的

---

① 刘家麒：《旅游容量与风景区规划》，《城市规划研究》1981年第7期。
② 赵红红：《苏州旅游环境容量问题初探》，《城市规划》1983年第6期。
③ 李时蓓、张菁：《从大气环境规划单方面确定旅游环境容量的方法简介》，《环境科学研究》1988年第2期。
④ 杨森林：《发展旅游事业要与社会承载力相适应》，《商业经济与管理》1989年第3期。

旅游业发展。但是研究内容以个案分析为主，尚未构建旅游环境容量的概念体系。

第二，稳步发展阶段。20 世纪 90 年代，学者深入探讨旅游环境承载力的基础理论，包括概念体系、类型划分和测量方法比较分析，以及基于实证案例的现状分析、定量测度与调控研究，研究领域主要是针对黄山、武夷山、泰山、峨眉山、骊山、哈纳斯自然保护区和松花江三湖保护区等著名山岳型景区景点，研究角度侧重旅游地理学、资源环境学、人口社会学、宏观经济学等学科，初步构建了旅游环境承载力的理论框架，并在指导旅游实践中起到积极作用。冯孝琪以骊山风景名胜区为研究对象，基于景区的社会环境状况，运用相关的调查研究方法，测算最佳游人密度和最适宜游人容量，分析旅游环境容量的超饱和问题，并提出综合治理建议①。吴承照将风景区的旅游环境容量分为生活环境容量（生活用水和接待设施规模）、游览环境容量（包括生态和心理容量，用人均占地长度或面积表示）和风景容量（建筑密度、体形与体量、色调明暗和游客密度）三大部分，并以黄山风景区为例，探讨旅游环境容量现状与存在的问题，并提出相应的调控措施，对黄山景区的健康发展提供了科学理论指导②。仲桂清通过分析公园游客数量时空特征，计算星海公园旅游环境容量春季的理论值，并对两者进行比较，结果表明，目前区域旅游环境容量还存在较大空间，可通过扩大客流的方式来增加效益③。魏中俊等针对黄山风景区，定量测度景区旅游环境的最佳符合强度及未来环境容量变动情况，并尝试寻找保持旅游系统正常运行的调控指标④。骆培聪以武夷山景区为研究对象，

---

① 冯孝琪：《骊山风景名胜区环境容量现状评价》，《资源开发与保护》1991 年第 2 期。

② 吴承照：《黄山风景区旅游环境容量现状与调控》，《地域研究与开发》1993 年第 3 期。

③ 仲桂清、王艳平：《星海公园春季游客统计特征》，《地理学与国土研究》1992 年第 2 期。

④ 魏中俊、杨俊保：《旅游地环境压力分析和容量设计》，《系统工程学报》1993 年第 1 期。

分别测算旅游空间、生态、生活环境和心理容量，并提出资源开发和环境保护两方面提升策略①。崔凤军等认为旅游环境承载力不仅仅是"空间承载量"，而是综合考虑自然生态、经济基础和社会环境因素，分别测算资源空间承载量、经济系统承载量和当地居民心理承载量，将其最小值作为区域的旅游环境承载量，并将原理用于分析泰山景区旅游承载力，提出相应的调控方案以期指导泰山景区的健康发展②。

该阶段有关旅游环境承载力概念体系、分类、研究方法等方面的学术论文研究数量有大幅度增加，旅游环境承载力的内涵从空间容量系统逐渐扩展到由旅游生态环境容量、区域空间容量、自然环境容量、社会环境容量、经济环境容量、旅游氛围环境容量、相关政策管理容量、人文环境保护容量等环境容量分量构成的综合体系，其容量的大小由各分量的瓶颈因子来决定③，各分量的概念界定、分类方法和评价手段不同，所得评价结果也会有所差异。研究方法方面，仍然是以限制性指标分析为主，包括接待设施规模、游览面积、交通条件、游览线路长度等限制性因素，其出发点和落脚点都在于景区所能容纳的最大限度或最适宜的游客规模。同时学界也开始关注综合指标评价，如刘玲根据旅游环境承载力的影响因素，构建由游览环境、旅游用地环境、生活环境承载力和自然环境纳污能力构成的综合评价模型，对黄山风景区的旅游环境承载力进行分析，为景区旅游资源开发和可持续发展提供参考④。另外，学者不仅开展瞬时旅游环境容量的分析，而且尝试从时空角度对区域旅游环境容量进行研究，有些学者还对区域旅游环境容量进行预测分析，探讨旅游环境承载力的时空变

① 骆培聪：《武夷山国家风景名胜区旅游环境容量探讨》，《福建师范大学学报》（自然科学版）1997年第1期。
② 崔凤军、杨永慎：《泰山旅游环境承载力及其时空分异特征与利用强度研究》，《地理研究》1997年第4期。
③ 明庆忠、李宏、王斌：《试论旅游环境容量的新概念体系》，《云南师范大学学报》1999年第5期。
④ 刘玲：《旅游环境承载力研究方法初探》，《安徽师大学报》（自然科学版）1998年第3期。

化特性，为景区的合理开发与科学规划提供参考。

第三，快速提升阶段。2000 年至今，旅游环境承载力（环境容量）学术研究规模较大，特别是相关的硕博论文数量较多且增长较快，涉及学科门类仍然是旅游、环境资源科学与资源利用、宏观经济管理与可持续发展、林业、资源科学、自然地理等，研究深度与广度有较大提升。在分析旅游环境承载力含义、特征和影响要素的基础上，将旅游环境承载力划分为旅游自然环境、经济环境和社会环境承载力三大部分，构建旅游环境承载力多层次物元评价模型，针对湘西州旅游区进行旅游环境承载力综合评价，为旅游区资源开发与保护作中长期规划提供依据[1]。文传浩、杨桂华等阐述了旅游环境承载力基础理论，并构建自然保护区生态旅游环境治理评价指标体系和评价模型（包括自然环境、社会环境和经济环境承载力三个层次），并运用模糊数学和灰色评价方法对碧塔海自然保护区进行实证分析[2]。戴学军基于可持续发展理论，分析目前旅游资源容量和感知容量、生态容量、经济容量和社会容量的研究现状，调整现实环境指数、风险系数和累积效应系数，构建帕累托最优环境容量计算公式，丰富了评价方法体系[3]。章小平等将旅游环境承载力分为基本容量（旅游心理容量、生态容量、资源容量、经济容量、社会容量）和非基本容量（现有和期望旅游容量、旅游地域的空间规模），针对九寨沟景区的旅游生态容量、资源容量和社会容量进行测量，确定其旅游心理日容量、最佳（适）日容量、综合环境容量、最大日容量和年容量，为区域可持续发展提供参考[4]。李俊构建由资源空间、生态环境、经济设施承载力组成的旅游环境综合承载力模型，以北京为研究对象，定量评估旅游环境承载力现实水平和开发潜力，提

---

① 樊霆：《旅游环境承载力理论及评价方法研究》，硕士学位论文，湖南大学，2006年。
② 文传浩、杨桂华、王焕校：《自然保护区生态环境承载力综合评价指标体系初步研究》，《农业环境保护》2002 年第 4 期。
③ 戴学军、丁登山、林辰：《可持续旅游下旅游环境容量的测量问题探讨》，《人文地理》2002 年第 6 期。
④ 章小平、朱忠福：《九寨沟景区旅游环境容量研究》，《旅游学刊》2007 年第 9 期。

出相应的可持续发展方案①。旅游地环境容量测算方面,往往采用最大游客容量测算方法进行游客管理(高洁,2015)②,构建最优旅游环境容量定量测度模型进行环境管理(刘佳,2012)③,引入系统动力学、BP神经网络分析、耦合协调度(杨秀平,2015)④、旅游流时空卡口识别法(王德刚,2015)⑤等方法建立旅游环境容量动态评价模型,在缓解旅游环境污染、促进旅游经济—环境—资源协调发展方面起到积极作用。

该阶段旅游环境承载力理论框架得到进一步完善,并逐渐成为一种管理工具在实践中得到广泛运用,研究内容和研究方法趋于多样化。从研究内容来看,旅游环境承载力研究不是局限在山地型景区的旅游环境承载力理论研究,而是开始关注当前热门旅游景区的旅游环境承载力研究,包括自然型旅游目的地(国家级自然保护区/风景名胜区、滨海湿地自然保护区、森林公园、地质公园、海岛等)和文化遗产型旅游目的地旅游环境承载力(如古城、古镇等),同时关注新型旅游方式的环境承载力研究,如乡村旅游环境承载力和生态旅游环境承载力等。研究对象的层次也扩展到整个旅游目的地,包括旅游城市、经济欠发达但资源禀赋较好的少数民族旅游目的地等。从研究方法上来看,主要结合可持续发展理论、生态学、旅游地理学、城市规划学等理论,运用单要素评价法、综合指标法、模拟仿真法和多目标决策分析法等评价方法,对区域旅游环境承载力进行静态和动态分析。然而旅游环境容量往往陷入数字陷阱,评判标准主观性较大,忽略了旅游流的时空差异,还存在旅游环境容量

---

① 李俊:《北京市旅游环境承载力及潜力评估》,硕士学位论文,首都师范大学,2007年。
② 高洁、周传斌等:《典型全域旅游城市旅游环境容量测算与承载评价——以延庆县为例》,《生态经济》2015年第7期。
③ 刘佳、于水仙等:《滨海旅游环境承载力评价与量化测度研究——以山东半岛蓝色经济区为例》,《中国人口·资源与环境》2012年第9期。
④ 杨秀平、王立岩、翁钢民:《旅游者数量与旅游环境承载力耦合关系研究》,《商业经济》2015年第12期。
⑤ 王德刚、赵建峰、黄潇婷:《山岳型遗产地环境容量动态管理研究》,《中国人口·资源与环境》2015年第10期。

等同于景区游客容量控制的传统思维，应建立现实与未来的动态评价模型，将其纳入到旅游规划与可持续管理全过程，预防旅游环境超载危机，提高旅游环境容量约束效果，促进旅游可持续增长（孙晋坤，2014）[1]。

（二）旅游预警研究

预警（Early Warning）原本是军事术语，是指通过预警雷达、飞机和卫星等工具来预先发现、评估和分析敌人的攻击信号，对其威胁程度进行判断，为指挥部门提前做好应对策略提供参考。最早的预警监测发生在宏观经济领域，1888 年在法国巴黎统计学会召开过程中，法国经济学家福里利在其研究论文《社会和经济现象》中，提出了以灰、黑、淡红和大红等差异化的色彩表示经济状态的评价结果，产生了经济预警思想的雏形。自此，经济预警研究成为研究热点，并逐渐受到政府部门、组织机构的高度重视。目前，预警理论在世界各国各领域得到广泛应用，在自然灾害预警[2]（地震、泥石流、台风、风暴潮等）、社会宏观管理和环境保护预警[3]（失业、城市安全、干旱监测和环境预警等）、经济管理（经济危机管理预警、财务风险管理预警[4]、企业风险预警[5]等）等领域发挥着重要作用。

随着旅游安全事故的频繁发生，旅游危机管理成为必然趋势，预

① 孙晋坤、章锦河等：《近十年国内外旅游环境承载力研究进展与启示》，《地理与地理信息科学》2014 年第 2 期。

② Chung-Hung Tsai, Cheng-Wu Chen, "An earthquake disaster management mechanism based on risk assement information for the tourism industry-a case study from the island of Taiwan", *Tourism Management*, Vol. 31, 2010, pp. 470 – 480.

③ Vijendra Kumar, "An early warning system for agricultural drought in an arid region using limited data", *Journal of Arid Environments*, Vol. 40, 1998, pp. 199 – 209.

④ Baoan Yang, Ling X. Li, Hai Ji, Jing Xu, "An early warning system for loan risk assessment using artificial neural networks", *Knowledge-Based Systems*, Vol. 14, 2001, pp. 303 – 306.

⑤ Laitinen E. K., Chong H. G., "Early-warning system for crisis in SMEs: preliminary evidence from Finland and the UK", *Journal of Small Business and Enterprise Development*, No. 1, 1999, pp. 89 – 102.

警系统逐渐运用到旅游危机管理系统当中来，推进了旅游业的可持续发展，因而预警理论逐渐运用到其他旅游研究领域，包括旅游环境预警、旅游风险预警、旅游经济预警等多个方面。20 世纪 80 年代预警机制开始引入到我国旅游领域，但国家旅游预警制度管理体系尚未形成，理论研究相对落后，20 世纪 90 年代才出现相关学术研究。运用中国知网，输入"旅游预警"主题关键词进行模糊检索（2017 年 3 月 31 日），共得出 761 条结果，这些学术论文主要来源于期刊论文。这里将我国旅游预警研究按照时间数量轴分为三个阶段，1999—2002 年为萌芽时期，2003—2007 年为成长时期，2008 年至今是成熟时期，下面将对这三个阶段做详细分析。

1. 萌芽时期

1999—2002 年学界开始探讨预警思想受到旅游学界的关注，在相关报纸和期刊论文中涉及建立旅游预警系统的构思。1999 年刘建军等率先针对天池风景区，综合评估景区的环境质量，构建生态环境预警评价模型和方法，进行景区旅游资源开发项目的环境影响预警评价，比较分析景区项目建设前和施工完成后的预警状态，并提出相应的改善措施，以促进景区资源的有效利用①。国家旅游局于 2000 年正式启动针对各旅游企业和游客的假日旅游预警系统，旨在对客流量和旅游市场进行宏观调控，成为我国旅游预警系统的雏形。全国多个省份、城市、热门景区景点开始启用假日旅游预警系统，如福建、江西等地，该系统在信息统计和预报、游客量调控等方面起到一定积极作用，但同时信息失真、滞后，造成假日冷场等问题也令人忧虑②。2001 年俞锦标在探讨石林风景区旅游可持续发展问题中，提出建立自然、人文和社会环境的预警研究系统，以便为景区的可持续发展做出预警指示③。2002 年顾建清以秦皇岛为研究对象，分析旅游行为、

① 刘建军、李雪珍：《天池风景资源开发过程中的环境预警评价》，《干旱环境监测》1999 年第 3 期。
② 杨静：《旅游预警系统长假遇尴尬》，《江西日报》2000 年 10 月 12 日第 B02 版。
③ 俞锦标、李刚、胡志毅等：《驱动石林风景名胜区旅游可持续发展的思考》，《中国岩溶》2001 年第 2 期。

人工建筑、海洋渔业捕养、近海流域治理和沿海植被变化等人类活动对旅游海滩的影响，提出要建立预警系统和应急措施，监测和评价预警旅游海滩承载力的大小，并制定相关的调控方案，达到保护海滩资源和环境的目标①。殷红梅等在喀斯特库区旅游开发策略研究中提出，可构建由生态环境指标、环境质量指标、人口指标、地区社会经济可持续发展指标组成的旅游资源开发预警系统，并结合数据处理、仿真模拟和警兆辨识系统等设备，科学分析景区的综合发展状况和旅游市场变化趋势，为景区决策和资源利用提供理论参考②。邓清南详细分析了川西地区旅游生态环境预警系统的功能，构建地均自然要素与生物要素、生态生产量增长率、生态化水平和旅游资源消耗指数等基础指标，以及生态环境变化率、生物物种变化率、区域旅游经济产出量和社会固定资产投资率等参照性指标，阐述预警系统分析步骤和相关测算公式方法，从而建立旅游生态环境预警监测系统，从而促进川西旅游生态环境建设③。

　　总结来看，这一时期旅游预警研究仍处于尝试性实践探索阶段，相关概念、类型、研究方法等理论研究较少，针对贵州、川西、秦皇岛等地环境脆弱性较强的山地型、海滩型旅游景点，围绕旅游资源开发利用、景区可持续发展、生态环境保护等内容，分析旅游预警的重要性、功能、内部构成、指标体系和研究步骤。旅游预警作为一种能够解决区域旅游业各种问题的方法策略，为我国旅游预警理论体系的形成奠定了基础。

　　2. 成长时期

　　2003 年由于非典的影响，旅游业发展受到重创，学界开始审视旅游业发展存在的安全问题和危机风险要素，加强旅游预警理论研究和建立旅游预警机制等实践探索，特别是 2004 年出现专门针对旅游预警方面的硕士、博士论文，旅游预警理论研究更加深入，主要包括

---

① 顾建清：《河北省秦皇岛旅游海滩保护》，《海洋地质动态》2002 年第 3 期。
② 殷红梅、熊康宁、梅再美：《贵州喀斯特库区的景观特征与旅游开发体制研究》，《中国岩溶》2002 年第 2 期。
③ 邓清南：《川西旅游生态环境保护与建设》，《山地学报》2002 年第 12 期。

旅游预警机制构建、旅游预警系统构建（危机预警、安全预警、产品开发预警等）和旅游预警信息技术运用（GIS 技术、WebGIS、智能专家系统）等方面内容。

　　旅游预警机制和制度方面，2003 年香港、澳门和内地的旅游管理部门对旅游预警机制的建立开展了有益的尝试，提出建立港澳旅游预警机制，监测、统计、预测和预报每日客流量，并发布游客数量、酒店入住率和航班等信息，以期对游客数量进行宏观管理与调控[①]。徐云松等提出建立旅游行业信息预报制度，评估、预测和预报旅游目的地客流信息，以防范旅游者投诉[②]。温秀在硕士论文中阐述旅游危机机制的优势条件、前提和设计原理、组成和步骤，分别构建了宏观和微观旅游危机预警机制，以期预防或减少行业、企业的危机事件[③]。

　　旅游预警系统研究方面，主要包括旅游危机预警、旅游安全预警、旅游风险预警和旅游环境预警等内容。史灵歌针对旅游饭店财务风险问题，提出建立旅游行业风险预警的宏观策略，建立由市场信息子系统、内部报告子系统、风险分析和预警子系统组成的旅游饭店财务风险预警系统，并保持系统的有效协调与沟通，从而实现信息共享[④]。2004 年万幼清在博士论文中提出构建旅游安全预警系统的建议，解析了旅游安全预警的功能、主要内容、作用和系统结构，并利用神经网络构建旅游安全动态预警模型，对于实现旅游业可持续发展目标、完善旅游安全预警理论具有重大意义[⑤]。霍春涛从生态学角度研究旅游目的地预警系统的运行机制，构建分析旅游目的地预警系统（包括旅游警情监测、警源分析、警兆识别、警度预报和地理信息管

---

　　①　刘宜港：《澳内地共建旅游预警机制》，《华夏时报》2003 年第 9 期。
　　②　徐云松、朱吉胜：《旅游者投诉和防范研究》，《旅游学刊》2003 年第 3 期。
　　③　温秀：《我国旅游业突发性危机影响、诱因及预警机制建构研究》，硕士学位论文，西北大学，2004 年。
　　④　史灵歌：《旅游饭店财务风险及管理对策探析》，《河南财政税务高等专科学校学报》2003 年第 6 期。
　　⑤　万幼清：《旅游业可持续发展的理论与实践》，博士学位论文，华中科技大学，2004 年。

理技术辅助五个子系统），丰富了旅游预警理论，同时将其作为一种旅游目的地管理工具和预测报告工具，运用到马店市薄山湖风景区2006 年黄金周旅游业分析当中，体现了旅游预警系统的可操作性和实用价值①。

　　旅游预警信息技术系统方面，李敏将智能专家系统引入旅游预警信息管理系统，充分利用数据库技术和专家系统技术，建立旅游预警系统专家知识库（包括信息库、案例库、规则库、方法库、数据库和功能库）、设计旅游预警专家系统推理与控制机理，推动了工作效率和业务管理水平的提高②。杨俭波等运用 Web Service 或 Web GIS 技术构建突发性旅游灾害的应急预警信息系统，包括关系模型库、应用信息处理技术、专家知识库和 GIS 技术，分别阐述各层级的服务内容，提高了突发信息发布和更新速度，增强预警功能和决策效果③。他还试图将神经网络预警预测模型运用到旅游安全预警研究当中，分析旅游安全预警影响因素（如旅游地灾害事件发生频率、旅行交通设施安全度和旅游地区域环境安全度）、确定旅游安全预警警戒值和报警判别模式，并将理论运用到旅游地安全预警实证研究中，验证了模型的可行性④。

　　该阶段旅游预警研究的理论体系逐渐完善，学者对于旅游预警的概念、分类、系统构成、功能、作用、运行机制和步骤方法等理论进行了初步分析，研究视角包括微观和宏观两个层面，如微观层面包括旅行社、旅游景区等旅游企业分析，宏观层面主要是进行旅游行业分析，研究方法开始引入 BP 网络神经、智能专家系统、GIS 等信息技术工具，提高了旅游预警系统的实用性，但仍以定性分析为主，预警模型的实证案例分析仍需深化。

---

① 霍春涛：《旅游目的地旅游预警系统研究》，硕士学位论文，河南大学，2006 年。
② 李敏：《智能专家系统在旅游预警信息系统中的应用研究》，《计算机时代》2006年第 2 期。
③ 杨俭波、黄耀丽、徐颂等：《Web Service／Web GIS 在突发性旅游灾害事件应急预警信息系统中的应用》，《人文地理》2006 年第 4 期。
④ 杨俭波、黄耀丽等：《BP 神经网络预警在旅游安全预警信息系统中的应用》，《资源开发与市场》2007 年第 2 期。

3. 成熟时期

2008 年进入危机以后，旅游业再次受到重要打击，旅游预警系统和机制的构建受到更多的关注，在研究内容、研究方法、研究视角和研究领域等方面均有所扩展。这一时期旅游预警研究内容在前期研究的基础上更加深入，相关实证研究和案例分析逐渐增多，旅游经济预警、旅游环境预警、旅游生命周期预警、旅游文化预警等方面的研究开始有所涉及。研究内容不仅涉及生态理论、经济管理理论、资源环境理论和危机风险理论，而且尝试运用生命周期理论、拐点理论、游客/企业主体/社区居民等利益相关者理论和协同理论进行分析，理论体系不断完善。田述宝尝试将旅游经济理论与循环经济发展理论相结合，建立旅游循环经济预警体系[①]。赵永峰等针对新疆旅游环境存在的问题，构建旅游预警系统和运行机制，并提出相关对策，丰富和完善了旅游环境预警理论体系[②]。杨永丰等将拐点理论与旅游生命周期理论相结合，分析旅游地发展过程中的拐点特征和发展趋势，探讨其影响要素，并构建旅游地生命周期预警模型，阐述运行机制，提高旅游地预警分析的科学性、客观性、全面性和可行性[③]。

研究领域更加广阔，海岛旅游、山地旅游、生态旅游、文化旅游等旅游方式的预警研究受到重视，省域层面、城市层面、景区层面和行业层面的旅游预警研究都有涉及，不仅关注发达地区旅游预警，也关注旅游欠发达的民族地区（如西藏、新疆、闽西地区等）的旅游预警研究。岑乔等针对四川省山地旅游，构建山地旅游安全预警系统（包括信息管理、应急救援和安全预警三大方面），有利于完善区域

[①]　田述宝：《区域旅游循环经济预警系统研究》，硕士学位论文，重庆师范大学，2011 年。

[②]　赵永峰、焦黎、郑慧：《新疆绿洲旅游环境预警系统浅析》，《干旱区资源与环境》2008 年第 7 期。

[③]　杨永丰、罗仕伟、王昕：《基于拐点理论的旅游地生命周期预警效应分析》，《中国人口·资源与环境》2009 年第 1 期。

的安全管理制度，保障区域的安全运行①。肖坤冰以汶川县阿尔村的羌族文化为研究对象，预警分析旅游开发对区域经济发展、自然环境、社会环境、对外开放程度、文化传承和人际关系造成的负面影响，提出相关降低负面作用的对策②。

研究方法趋于多样化，引入人工免疫算法、综合模拟法、多 A-gent 技术、系统动力学、TOPSIS 等定量方法和现代技术，增强了旅游预警研究体系的科学性。王朋义等将人工免疫算法运用到旅游预警研究当中，建立基于旅游突发事故的人工免疫模型，有利于提高旅游突发事件预警的效果③。肖亮等引用 3S 技术（RS、GIS 和 GPS），针对神农架自然保护区，建立旅游景区灾害预警系统（包括预警管理机构、方法体系、信息系统和控制处理系统），详细阐述观察、评估、预测、预报和预控的运行过程，为景区防治灾害风险和维护区域人身财产安全提供参考④。陈艳华等利用多 Agent 技术，构建旅行社风险预警辅助决策系统，并阐述了系统的构成设计和技术实现途径，对旅行社连锁经营的风险管理提供思路⑤。李峰从旅游投资发展速度、旅游投资内部均衡、旅游外部环境供求平衡、旅游投资和区域经济协调度四个方面建立旅游投资预警模型，利用 3σ 原理确定预警区间，运用综合模拟法和主成分分析法对河南省旅游投资预警评价进行实证研究，对于指导河南旅游均衡协调发展具有重要作用⑥。王瑀针对生态脆弱少数民族地区旅游开发的利益相关者（政府、企业、原住民和外

①　岑乔、魏兰：《山地旅游安全预警与应急救援体系的构建——以四川省山地旅游为例》，《云南地理环境研究》2010 年第 6 期。

②　肖坤冰：《民族旅游预开发的文化保护预警研究——以四川汶川县阿尔村的羌族传统文化保护为例》，《北方民族大学学报》（哲学社会科学版）2012 年第 3 期。

③　王朋义、杜军平：《基于人工免疫算法的旅游突发事件预警研究》，《北京工商大学学报》（自然科学版）2008 年第 3 期。

④　肖亮、赵黎明：《基于 3S 技术的旅游景区灾害预警系统的研究——以神农架国家级自然保护区为例》，《电子科技大学学报》（社会科学版）2010 年第 3 期。

⑤　陈艳华、席元凯：《基于多 Agent 的旅行社连锁经营的风险预警信息辅助决策系统研究》，《江西科技师范学院学报》2010 年第 5 期。

⑥　李峰：《基于综合模拟法的区域旅游投资预警研究——以河南省为例》，《中国人口·资源与环境》2011 年第 5 期。

来旅游者），运用博弈分析方法，建立区域的预警机制，形成旅游业可持续发展和惠民系统的协同发展模式①。楼文高等构建基于信息熵的 TOPSIS 法综合评价模型，详细阐述原理并进行案例验证，探讨方法体系的可行性②。

综上所述，旅游预警研究备受关注，理论框架和方法体系逐渐完善，研究内容更趋向于旅游环境方面的预警，研究对象主要是基于景区景点和单体旅游城市的微观研究，行业层面和区域层面的宏观分析将成为今后研究的重点，研究方法从定性理论分析逐步向动态定量评估转变，计量统计模型、地理信息系统等方法的理论探讨和实证运用有待进一步探讨。

（三）旅游环境承载力预警研究

随着旅游业的快速发展，旅游业环境问题日益显现，对旅游业造成诸多负面影响，旅游环境承载力预警研究逐渐成为旅游研究的重要课题。我国旅游环境承载力预警研究起步较晚，研究成果较少，2005年才开始出现相关的学术论文，运用中国知网，输入主题关键词"旅游环境承载力预警"进行模糊搜索，得到 47 条结果。这些学术论文对旅游环境承载力预警的概念、类型、系统构成、运行机理、方法步骤、警界划分、调控措施等理论进行了初步分析。翁钢民等在 2005年率先分析旅游环境承载力预警系统的概念、功能，构建预警评价系统，阐述评价指标构成、权重确定方法、预测方法和警界确定方法③。杨春宇等开展生态旅游环境承载力预警研究，阐述预警结果特征、运行原理和研究步骤，为旅游环境承载力预警的时空分析奠定理论基

---

①　王瑀：《在预警机制条件下旅游惠民和生态保护协同行动模式研究》，《黑河学刊》2012 年第 8 期。

②　楼文高、王广雷、冯国珍：《旅游安全预警 TOPSIS 评价研究及其应用》，《旅游学刊》2013 年第 4 期。

③　翁钢民、赵黎明、杨秀平：《旅游景区环境承载力预警系统研究》，《中国地质大学学报》2005 年第 4 期。

础①。并在此基础上，运用复杂系统理论与预警理论，构建旅游环境承载力动态预警系统②。

　　其次，旅游环境承载力预警实证评价研究取得了一定成绩。翁钢民（2006）以秦皇岛老龙头旅游景区为例进行实证分析，尝试构建旅游环境承载力预警评价模型（包括旅游自然环境、经济环境和社会环境承载力），利用模糊评价法评价旅游环境承载力警界状态，为有效控制景区容量和实现可持续发展提供保障③。丁丽英（2011）利用模糊评价分析方法针对平潭岛旅游环境承载力进行预警评价，分析区域经济环境、社会环境、自然环境和综合环境承载力的警情状态，为制定未来发展规划提供依据④。张晓娜等针对秦皇岛市南戴河海洋乐园景区，基于模糊综合评价法，构建旅游环境承载力预警模型⑤（包括自然环境、经济环境和社会环境承载力）。董成森等（2007）以武陵源风景区为研究对象，运用状态空间法和 BP 网络神经模型，从时间和空间两个角度分析区域生态承载力预警状态⑥。还有学者开始关注海岛旅游环境承载力预警研究，针对长岛旅游环境状况，运用层次分析和模糊综合评价法，构建旅游环境承载力预警评价指标体系，并对指标进行短期预测，测度区域旅游环境承载力的现实强度和未来承载能力⑦。

　　综合来看，我国旅游环境承载力预警研究仍处于初级阶段，形

---

　　① 杨春宇、邱晓敏、李亚斌等：《生态旅游环境承载力预警系统研究》，《人文地理》2006 年第 5 期。

　　② 杨春宇：《基于复杂系统理论的旅游地环境承载力合理阈值量测研究》，《中国人口·资源与环境》2009 年第 3 期。

　　③ 杨秀平、翁钢民：《基于模糊评价的旅游环境承载力预警研究》，《商业时代》2007 年第 25 期。

　　④ 丁丽英：《福建沿海旅游环境承载力预警系统研究——以平潭岛为例》，《佳木斯教育学院学报》2011 年第 1 期。

　　⑤ 张晓娜、翁钢民、刘洋等：《旅游环境承载力评价及预警研究——以南戴河海洋乐园景区为例》，《燕山大学学报》（哲学社会科学版）2008 年第 2 期。

　　⑥ 董成森、陈端吕、董明辉等：《武陵源风景区生态承载力预警》，《生态学报》2007 年第 11 期。

　　⑦ 杨松艳：《海岛旅游环境承载力及其预警研究》，硕士学位论文，中国海洋大学，2012 年。

成了旅游环境承载力预警基本理论框架，在概念、系统模型、指标构建、运行机制和对策等方面形成了一定研究基础，但理论和方法体系仍不完善，特别是针对沿海地区的预警实证分析更是不足，具体包括以下三方面内容：（1）缺乏关于旅游环境承载力预警的定量评价方法、预警指标确定和处理方法、预警警戒标准的确定方法和预测方法等，方法体系仍需进一步完善，提高科学性、客观性、动态性和可操作性；（2）实证分析方面注重对景区景点、城市、旅游目的地等单体对象进行现状研究，缺乏宏观尺度的中长期分析（包括时间上的演化分析和空间上的比较研究），特别是对于旅游业发达、旅游环境系统相对脆弱的沿海地区旅游环境承载力预警研究较少；（3）关于旅游预警系统的调控监管机制建设只是针对特定区域，需要进一步构建适用性较强的预警系统效果评估、反馈、调控的动态机制与监测管理系统。为此，本书深入探讨旅游环境承载力预警的理论体系，包括概念体系、方法体系、标准体系、运行机理等，并以我国沿海 11 个省、直辖市、自治区为研究对象，构建旅游环境承载力预警模型，运用系统动力学评价方法，对区域旅游环境承载力的现实警情状态和未来警情承载潜力进行比较分析，划分不同的预警区间，提出相应预警调控管理机制，为推进区域可持续协调发展提供参考。

四　研究思路

在构建旅游环境承载力预警系统理论架构的基础上，分析我国沿海地区旅游业发展的基础环境，探讨其存在的问题和原因；然后，构建旅游环境承载力预警评价指标体系，运用系统动力学方法建立预警仿真模型，对我国沿海地区进行旅游环境承载力预警仿真分析，探讨警情的时间演变规律与空间差异特征，研究预警调控方案及其管理对策。具体技术路线图如下：

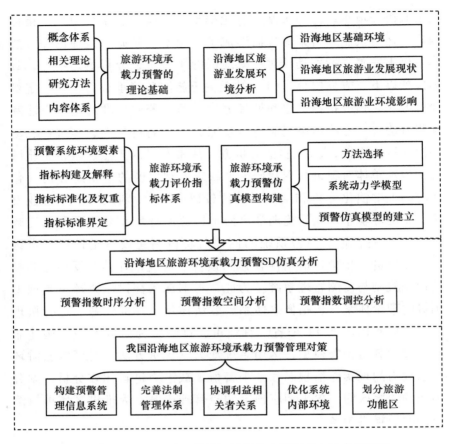

图 1 - 1 我国沿海地区旅游环境承载力预警研究技术线路图

第二章　旅游环境承载力预警的理论基础

一　旅游环境承载力及其预警的内涵

（一）旅游环境承载力的概念解析

生物学界普遍认为，区域在特定环境下所能生存的生物物种的增长速度和规模具有极限值，即所谓的"承载力"。随着人类经济社会的发展演变，人们发现经济、社会、自然环境并不是取之不尽、用之不竭的，在一定时期内其容纳能力也有其极限值，超过这个极限值将会发生质的裂变，因而承载力的概念逐渐被运用到经济社会学、人类生态学、资源环境学等研究领域，出现了资源承载力（包括土地资源、自然资源、水资源等）、环境承载力（城市环境、旅游环境、交通环境、大气环境等）、生态承载力等概念①。从承载力概念的发展过程来看，承载力的概念从以往围绕单要素寻求容纳能力的极限值，逐渐向一种具有综合性、动态性的复合阈值区间转变，这主要是由于当前经济社会系统和生态环境系统更趋于复杂性、脆弱性和可变性，这也将是承载力研究不断深化和发展的必然趋势。

与生物种群环境系统特征类似，旅游环境系统与旅游者数量之间存在非兼容性，旅游地环境系统所能容纳的旅游者数量也存在极限阈值，超过上限值会对旅游资源环境、经济环境、社会和文化环境等方

---

① 张林波、李文华等：《承载力理论的起源、发展与展望》，《生态学报》2009 年第 2 期。

面产生不良影响，降低旅游者和旅游目的地居民的舒适程度、满意程度和安全系数，减弱旅游地资源对旅游者的吸引力，最终导致旅游流的衰退；低于下限值会导致资源浪费和闲置，旅游资源价值得不到较好的发挥，甚至对旅游业的发展产生阻碍作用①。1963 年，承载力的概念开始在旅游研究领域出现，提出旅游环境承载力（或者旅游环境容量）的概念。旅游环境承载力历经 50 多年的理论研究和实践探索，仍然没有形成统一的概念体系，不同领域的学者对旅游环境承载力的概念有不同的定义，并且随着时间的变化而发生改变。

　　20 世纪 60 年代，旅游业的快速发展促使大量游客集聚到旅游目的地，造成旅游地拥堵和旅游环境破坏等问题，引起国外学者的关注。Lapage（1963）率先提出旅游容量的思想，认为旅游地只有将游客规模保持在一定限度，其环境质量和游客满意度才不会有所降低。1964 年 Wagar 正式提出游憩环境承载力的概念，认为游憩环境承载力是能够长期保持旅游目的地旅游产品质量时的游憩使用量。Mathie-son 和 Wall 认为旅游环境承载力是保持自然环境和游客体验到良好状态下，旅游目的地所能接待的旅游者最大值。这一定义得到广泛认可，在此基础上，WTO/UNEP 将旅游环境承载力定义为"是在一定时期内，在不造成旅游地经济、社会和资源损失或不降低游客满意度的前提下，旅游地所能接纳的最大旅游者规模"，其中最大游客规模以旅游者密度或旅游者数量来表示。随后，McIntyre 将社会文化环境要素融入旅游环境承载力的概念，不仅关注自然环境的承载能力，而且体现以人为本的思想，更重视旅游者体验和满意度水平。由此可见，国外学者所定义的旅游环境承载力包括两层含义：首先，关注旅游环境系统本身的物理组成，以保障资源环境系统的完整性为前提条件，避免旅游开发或使用超过一定阈值区间或限制水平所造成的资源环境问题；其次，强调旅游主体即旅游者的旅游体验价值和满意度，通常归结为测量游客使用水平，以游客密度或游客数量来表示。

---

① 江洪炜：《基于环境承载力的规划环境影响评价及实例研究》，硕士学位论文，湖南大学，2008 年。

　　我国最初旅游环境容量的概念只关注区域自然环境所能承载的游客极限值，如赵红红（1983）认为旅游环境容量是在特定环境中（景点、景区和旅游城市）在某个时期所能承载旅游者数量的最大值。之后旅游环境承载力将游客感知程度、居民心理满意度等社会因素纳入承载力的范畴，如李时蓓（1988）认为旅游环境承载力是在自然与社会环境参数的限制条件下，区域所能承载的游客数量。刘振礼（1987）、卢云亭（1988）、楚义芳（1989）、保继刚①（1993）等学者编写的地理学专著中对旅游环境容量的概念进行了相关研究。随着可持续发展理论在旅游领域中的应用，学者开始关注旅游区域内部和外部综合环境的承载能力，如崔凤军（1997）认为旅游环境承载力是在保持旅游地环境及其结构组合现状而不发生显著恶变的基础上，区域能够承载的旅游活动强度；1998年刘玲将其定义为在一定时期某种状态下，旅游地游览环境、生活环境、旅游用地环境和自然环境所能承载旅游活动量的阈值区间。如今，众多学者将生态学理论与旅游环境承载力相融合，探讨生态旅游环境承载力，如熊鹰将生态旅游环境承载力定义为某个时期区域在生态环境及系统结构未对现在和将来造成破坏性影响，并能保障区域自我调节、修复和维持的能力的前提下，所能承载的生态旅游利用强度的阈值②。

　　综上所述，旅游环境承载力的概念体系可以归纳为数值型旅游环境承载力概念体系和指标型旅游环境承载力概念体系。其中数值型旅游环境承载力概念体系中认为旅游环境承载力是指在自然环境系统、经济环境系统和社会环境系统保持完整并处于理想状态下，旅游目的地为达到最大游客体验所承载的最大游客数量或游客密度（详见图2-1），往往以游客日容量、月容量或年容量等数值来表示，而这种理想状态则以环境系统的物理结构为基准，结合历史经验数据或者专家意见，参考游客体验价值大小，对其进行界定。

---

① 保继刚等：《旅游地理学》，高等教育出版社1993年版。
② 熊鹰：《生态旅游环境承载力研究进展及其展望》，《经济地理》2013年第5期。

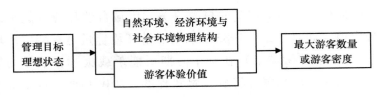

图2-1　数值型旅游环境承载力概念体系

指标型旅游环境承载力概念体系则认为旅游环境承载力是在保持旅游系统内部要素以及外部自然环境、经济环境和社会环境要素综合而成的旅游环境复合指标变量系统处于理想状态下，旅游景区、旅游城市等旅游目的地为实现旅游满意度、旅游经济效益或旅游生态效益最大化所承载的旅游活动量的阈值区间（见图2-2）。这里旅游环境承载力是一个相对的概念，是现实状态与理想状态的比较分析，具有空间特征和时间特征，需要一定的假设条件，不仅关系到旅游环境系统内部容纳能力，而且涉及旅游环境相关的经济环境、社会环境和生态环境对旅游活动的承受能力。这里所说的理想状态是通过旅游环境复合系统指标标准来加以体现，而旅游活动量的阈值区间通常是综合指标的合理数值范围或者是旅游环境系统限制性要素的极限值。

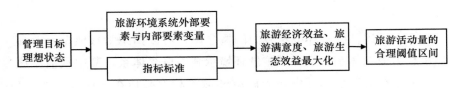

图2-2　指标型旅游环境承载力概念体系

因此，本书主要采用指标型旅游环境承载力概念，从宏观层面解析旅游环境承载力的内涵，将区域外部自然、经济、社会、文化和社区要素旅游环境复合系统融入，构建内外综合指标型旅游环境承载力概念体系，运用指标变量与标准变量比较分析的方法，为达到旅游目的地可持续发展目标所能承载的旅游活动量。具体来说，旅游环境承载力是指在一定时期特定旅游目的地范围内，区域旅游环境结构未发生质变、旅游环境系统功能得到正常发挥的前提下，旅游者满意程度不发生恶性转变的条件下，区域自然、经济、社会、文化和社区等外部环境要素与旅游内部环境要素形成的综合环境系统所能承载的各种旅游活动量的阈值范围，超出阈值上限将出现"超载负荷"现象，低于阈值下限又会出现旅游资源浪费与闲置问题。旅游环境承载力是评判旅游环境系统与旅游业发展协调程度的重要尺度，是可持续发展战略得以实施的重要保障，有利于指导区域旅游资源有效开发、旅游环境循环保护与旅游系统结构优化①。

（二）旅游环境承载力预警的内涵

一般意义上来讲，预警就是指预先发出警示或警报，是一种防范危机、预测危机的方法手段，也是一种控制风险的管理工具，在世界经济社会发展、自然环境保护、宏观调控、危机管理等方面发挥着重要作用，受到多个领域学者的密切关注。不同学者研究角度和学术背景不同，其对预警的理解也存在差异。陈新军（2001）认为预警是指计算警素现状和未来状况，当发生超出常态时空区间和危害程度的状况时进行预报，并提出相关应对措施②。佘丛国（2003）认为预警是指在利用已有知识基础和先进技术的前提下，通过总结研究对象的发展规律，分析现状、判断和预测变化趋势，与一定的衡量标准作比较，做出预告和警示，为预警主体对危机加以防范和应对提供缓冲时间③。潘洁珠（2010）提出预警是合理评估可能对人类社会造成危害的意外事件，分析引发事件的危机要素及影响程度，为及时应变和制定预案提供依据。另外，预警具有多种类型，按照内涵可分为不良状态预警、恶化趋势和速度预警④；按照内容可分为环境预警（环境质

---

① 刘佳：《基于可持续发展的山东半岛城市群旅游环境承载力研究》，硕士学位论文，中国海洋大学，2007 年。

② 陈新军、周应祺：《海洋渔业可持续利用预警系统的初步研究》，《上海水产大学学报》2001 年第 1 期。

③ 佘丛国、席酉民：《我国企业预警研究理论综述》，《预测》2003 年第 2 期。

④ 赵艳萍：《农田生态安全预警研究》，硕士学位论文，安徽农业大学，2007 年。

量预警、生态安全、环境承载力等）、自然资源预警（如水资源、森林资源、土地资源等）、经济预警（海洋经济、港口经济、金融财务等）、人口预警（城市人口迁移等）；按预警研究对象，可以划分为单指标预警、子系统预警及总系统预警；按预警区域范围则包括全局区域预警和局部区域预警。

预警是一种信息反馈机制，是当正在发生或即将发生灾害（或灾难）及其他危险时，根据历年变化规律或观测数据得出可能性预兆，分析危险等级，及时反馈和发布信息警报或警告，提醒人们加强防范，将危害的破坏程度降到最低。为适应社会发展的需要，预警理论已从军事领域逐渐应用到现代经济、政治、管理、资源、技术、医疗、教育、危机管理、治安等自然社会领域。随着可持续发展观念的日益深入，生态环境保护意识更加强烈，预警在生态环境方面的应用日益受到重视，特别是随着旅游发展，旅游所依托的生态环境和资源脆弱性不断显现，由此促使旅游环境承载力预警理论研究和实践发展的深入探讨。

旅游环境承载力预警的概念主要从生态学角度加以界定。杨春宇（2006）提出"生态旅游环境承载力预警"的概念，将其定义为从时间和空间维度对一定时期内生态旅游环境现状进行动态分析、评价与预测，判断生态旅游环境质量变化的趋势、速度，并对生态旅游环境质量发生逆向演替、退化、恶化现象发布实时警戒信息以及相应对策。赵永峰（2008）认为旅游环境预警是在一定时间和区域范围内，对旅游环境发展现状和动态进行评估，构建报警与排警系统，以避免旅游环境系统脱离可持续发展思想或降低经济社会系统与资源环境的冲突，从而提升旅游积极效果。张晓娜（2008）围绕可持续发展思想，提出旅游可持续承载力的概念，将其定义为评价与预测区域某个时期内的旅游环境状态，确定旅游环境系统的变化规律，为预防旅游经济发展与环境保护之间发生矛盾提供依据。

总之，旅游环境承载力预警是围绕可持续发展理论，以保护旅游环境不受破坏或少受破坏为目标，针对由自然资源、经济基础、社会文化和生态环境等综合要素组成的复杂旅游环境系统，构建指标和标准体系，运用一定技术方法评估旅游环境承载力的发展现状、衡量旅游环境承载力偏离期望标准值的程度、预报可能存在的警情状态，并提出相应的调控措施。

二　相关理论基础

（一）生态学理论

生态学是探讨生物与环境之间相互作用关系的学科，在各个领域均发挥了重要作用。其中生态系统理论、生态环境伦理理论应用较广，并且对旅游环境承载力预警具有重要理论指导意义。

1. 生态系统理论

生态系统是特定空间内全部生物与其生存环境之间进行能力流动、物质循环而形成的整体，包括非生物环境（光、热、水、大气、土、岩石等）和生物环境（生产者、消费者和还原者）两大部分，具有物种结构、营养结构和时空结构三大基本结构，以及物质循环、能量流动与信息传递三种基本功能。一般情况下，生态系统具备自动调节能力，在一定程度上能够维持生物与外部环境之间、生物种群之间相互适应、协调和统一，促使生态系统的结构功能、能量物质的输入输出在数量上达到平衡状态，这种状态称为生态平衡。由于生态系统各组成要素会随着时间、环境等因素而发生变化，能量流动、物质循环运动也随之往复，造成生态平衡具有动态性特征。另外，生态系统自身的调节能力是有限度的，外界的压力如果超过这一限度值，生态平衡状态将会被打破，因而生态系统中的环境资源呈现有界极限规律运动。

旅游环境承载力系统是旅游系统要素与环境系统要素之间相互作用的复杂过程，其中旅游系统要素包括旅游利益相关者（游客、旅游组织者、经营管理者、从业人员和当地居民）、旅游企业、旅游政府部门、旅游资源、旅游媒介、旅游交通、旅游社区等，环境要素包括自然环境、经济环境、社会环境和文化环境等。旅游环境承载力预警就是为了预防旅游生态系统遭受破坏，追求生态平衡状态，更好地促进旅游业与自然环境的协调共同发展。为此，旅游环境承载力预警应分析旅游与环境的辩证关系，旅游环境问题的形成原因，旅游环境承载力系统构成、功能及其平衡规律，研究各子系统之间相互依存和制约的关系，探讨旅游环境承载力预警指标构建、评价预测方法、预警界限，制定预警预案，最终达到旅游环境系统的生态平衡。

2. 生态环境伦理学

基于环境与发展的角度审视人类文明和社会经济的发展历程，可以发现人类对自然的作用关系逐渐从征服自然转变成调节自然，而在这个过程中不仅需要政策法规的强制作用，更需要道德力量的约束，这促使一种全新的伦理思潮——生态环境伦理学的形成。

生态环境伦理是在人类生产和生活过程中，以保护生态环境和资源为目标而构建的一系列道德准则、行为规范和理性思维。生态环境伦理着眼于人类未来的可持续发展，强调人类行为应具有自觉性和自律性，保障大自然的整体和谐性，维护生物多样性和生态多样性，尊重自然的权利（尊重所有物种变化规律、承认生物的存在），承认自然的内在价值，实现人类发展与自然环境协同进化。

旅游业是旅游者与自然环境相互作用的过程，旅游利益相关者的道德观念直接关系到区域旅游环境承载力和资源保护程度。因而旅游环境承载力预警研究应以生态环境伦理学理论为依据，充分考虑影响旅游环境承载力预警的道德指标，致力于提高旅游利益相关者的道德素养，贯彻自觉尊重自然、珍爱生命多样性、维护生态和谐的思想，实现旅游环境效益、经济效益与社会效益的和谐发展。

（二）环境经济学理论

1. 环境经济学的产生及其内涵

随着世界科技进步、经济社会快速发展以及人类生活水平的不断提高，世界社会生产规模和人口规模不断扩大，促使社会生产和人类生活所需资源大幅度增加，这种资源消耗的速度甚至会超出资源的再生能力，导致资源枯竭危机。此外，错误的环境观念使人们将自然界视为天然的废弃物排放和处理场所，使得自然环境系统承载的废弃物数量远远超出其容纳能力。20 世纪 50 年代，全球性的环境污染与破坏、资源短缺问题成为人类社会不可忽视的难题。在这种背景下，部分经济学家开始探讨经济发展和环境保护的关系，将生态科学与经济学相结合，创立了环境经济学。

作为一门经济科学与环境科学的交叉学科，环境经济学以经济科学中的资源配置理论、交易成本理论和产权理论等理论为基础，运用经济学的研究方法探讨环境问题出现的原因及环境保护过程中的成本和效益问题、环境与经济的可持续发展问题、资源的价值评估问题和市场的基础配置作用，以期能够达到经济发展与环境保护的平衡，实现经济、资源、环境和社会的和谐发展。

2. 外部性问题与旅游环境承载力

旅游产业是一种典型的资源依托型产业，其发展程度与区域环境质量、旅游资源丰度和开发程度密切相关。因而，加大旅游资源的开发力度、开发多种类型旅游产品、扩大旅游产业规模等逐渐成为众多旅游目的地推进旅游产业发展、提高旅游消费者满意度的重要方式。然而，"物极必反，过犹不及"，任何资源和环境的开发都是有限度的，当旅游环境和资源开发处于过度状态时，会造成旅游资源破坏和旅游环境质量下降等问题，最终会阻碍旅游产业的发展，因此，根据环境经济学中所提出的资源与环境可持续发展理论，旅游业发展应当对旅游资源和环境进行适度开发。

值得注意的是，旅游产品属于准公共产品，具有明显的外部不经济性。从供给角度来看，基于"理性经济人"假设，旅游资源的开发者在开发过程中往往以私人利益最大化为目标，对旅游资源进行掠夺性、破坏性开发，以期获取最大的经济收益。由于旅游资源多为国家所有，在开发过程中对旅游资源的破坏便成为一种开发者无须承担和补偿的外部成本被转嫁给社会，产生旅游产品供给的外部不经济性。从消费角度来看，由于旅游产品不能独占，不具有完全的排他性，因此，旅游消费者的破坏性行为往往会对其他消费者造成影响，当这种影响使得旅游消费者产生损失而又无法得到补偿时，便产生了旅游消费的外部不经济性。例如，一些旅游消费者在旅游景区践踏花草、乱写乱画等破坏性行为显然会影响旅游景区的整体环境，给其他旅游消费者带来不便，当这些影响无法得到补偿时，外部不经济性便产生了。当这种外部不经济性产生时，由于我国旅游资源开发存在"所有者缺失"问题，造成旅游资源及其旅游产品的产权并不明晰，而且作为一种准公共产品，市场对其供求的基础调节作用往往失灵。

也就是说，单纯依靠市场的资源配置作用无法解决外部性问题，旅游环境和资源的开发过程中应充分考虑旅游环境系统自身的承载力问题。基于旅游环境承载力的内涵与功能，将其作为正确处理旅游资源开发与保护、实现环境与经济和谐发展的重要基础指标，在市场机制无法发挥作用、旅游产品本身又因其产权问题无法将外部性问题内生化的情况下，在旅游环境和资源开发时准确衡量其环境承载力，合理确定旅游业发展方式、开发规模和调控策略，有利于有效控制旅游投资者的过度投资和开发问题，缓解因旅游者超载所导致的旅游资源过度使用和破坏问题，实现旅游资源开发与旅游环境的协调发展。

（三）可持续发展理论

1. 可持续发展的产生

20 世纪五六十年代，随着世界经济社会快速发展，人类社会活动对环境带来的压力愈来愈大，环境污染、生态破坏问题日趋严重，引起社会各界对增长模式和发展观念的质疑，积极寻求能够实现经济发展和环境保护共同发展的途径。1962 年美国学者发表的著作——《寂静的春天》引发了发展观念上的讨论，人们对生存与环境的认识有所提高，可持续发展思想开始萌芽。1972 年罗马俱乐部发布的研究报告（即《增长的极限》）中提出"持续增长"和"合理持久的均衡发展"概念，促使政府、组织和公众开展各种环境保护活动，以实际行动贯彻可持续发展思想。1983 年世界环境与发展委员会正式成立，发表了三个重要文件（《共同的危机》《共同的安全》《共同的未来》），提出"可持续发展战略"思想，并于 1987 年在《我们共同的未来》中明确提出可持续发展概念，全面分析了环境与发展问题，标志着可持续发展理论的产生。1992 年全球上百个国家在联合国环境与发展大会上，共同协商并通过了《21世纪议程》，自此以后，世界各国纷纷发表宣言和制定计划，可持续发展成为当代人类经济、社会发展的重大课题，学界就可持续发展的概念、特征、发展历程、实现途径等方面的内容分析展开了激烈的讨论和更为深入的研究。

2. 可持续发展的内涵

可持续发展涉及自然、经济、文化、技术和社会等多个领域，因而其概念界定也难以统一，不同领域不同角度的学者对其有不同的理解。世界环境与发展委员会认为可持续发展是不仅要满足当代人的需要，而且又不危害后代人满足其自身需要的能力的发展模式；国际自然保护联盟将生态系统承载力观点引入可持续发展理论，认为人类的发展只有控制在生态系统承载能力的范围内，才能够起到改善生活质量的积极作用；世界环发大会宣言则强调和谐、公平思想，认为人类应以一种和谐的方式与自然相处，从而享受健康、富足的生活，并能较为公平地满足当前和未来人类在发展与环境上的需求；世界资源研究所强调利用技术和方式方法来减少废弃物和污染的排放。可见，可持续发展是一个综合概念，需要在人与人之间建立平等、互利和公平的关系，以及在人与自然之间的协调发展、共同发展和多维发展关系，只有处理好这两种关系才能够促使人类文明的传承和延续①。

3. 可持续发展的特征

（1）经济发展方面，重视经济增长规模和质量，主张低耗、高效、节能和文明的经济增长模式，培育生态文明的生产和消费理念，从而提升国家实力和社会财富；

（2）生态环境保护方面，以保护自然资源和生态环境为基础，并将资源和环境的承载能力作为限制因素，通过经济技术手段或是政府干预措施，降低自然资源消耗速度、改善环境、控制污染、保护生态系统的多样性、增强可再生资源的再生能力、提高不可再生资源的利益效率，从而达到人与自然协调均衡发展的目标；

---

① 万幼清：《旅游业可持续发展的理论与实践》，博士学位论文，华中科技大学，2004年。

（3）社会文明方面，以提高和改善人们生活质量为目标，以满足当代人和后代人需求为前提，以促进社会进步为宗旨，为人类发展创造一个公平、和谐、自由和文明的社会环境。

因此，可持续发展是协调生态、经济与社会系统之间的相互关系，形成持续、健康、稳定发展的自然—经济—社会复合系统。

4. 可持续发展和旅游环境承载力

随着可持续发展理念在全球范围内各个领域的分析研究，逐步延伸到旅游研究领域。20 世纪 80 年代末，人们开始关注旅游环境问题，提出"绿色旅游"的思想，主张降低旅游环境成本，从而实现环境收益最大化，表明可持续理念伴随着旅游发展过程逐渐萌芽。20 世纪 90 年代，旅游业的社会效应、环境效应和经济效应受到关注，"可持续旅游"的概念开始出现，此后，可持续发展思想在旅游产业发展实践中扮演着重要角色，旅游业可持续发展理论研究也成为旅游研究领域的重要课题。旅游业可持续发展理论本质上要求实现旅游系统、资源系统和人类生存环境系统的协调统一，形成旅游业发展与社会经济、环境和资源和谐统一的有效模式。

旅游环境承载力是旅游可持续发展理论延伸到旅游业发展过程而逐渐形成的，旅游自然环境系统、资源环境系统、经济环境系统和社会环境系统对人类旅游活动的综合承载能力，反映旅游系统的发展能力和潜力，是旅游业能否实现可持续发展的关键。旅游环境承载力的概念与可持续发展具有共性特征，是可持续发展理论在旅游领域中运用的一种体现。根据可持续发展思想，旅游环境承载力系统应遵循旅游市场变化规律，以旅游经济有效增长为目标，获得最大的持久的经济效益；同时应遵循自然发展规律，保护旅游资源和区域环境，科学处理旅游过程中所产生的污染物，调节旅游资源开发与保护、污染物排放与自然净化的矛盾，推动旅游业的正常运行，促进生态平衡；另外应注重社区文明，重视旅游业发展与社区居民态度、社区文化环境和社会环境的共同发展与进步，提高区域生活质量和收入水平。

另外，旅游环境承载力预警系统是以自然、资源、经济和社会协调发展为目标，运用一定方法评估、预测、预报、调控旅游环境承载力的复杂系统，促进旅游业的持续性、生态系统的稳定性、资源利用的高效性和社会分配的公平性，体现了可持续发展理论所提出的公平、协调、高效、共同发展的思想，对于实现旅游业可持续发展起到举足轻重的作用。

（四）区划与主体功能区划理论

早在 19 世纪地理学家洪堡创立了世界等温线图，标志着区划研究的开始。自此之后，学者从地理学、生态学、社会经济学等多个领域对其进行深入研究，逐渐形成自然区划、生态区划、经济区划和功能区划的概念，进一步促进了区划理论的发展。随着人们认知能力的逐步深化，区划理论的内涵不断扩展，已经从单一的对自然区域和自然因素的探讨而转向对环境、经济和社会发展之间关系的分析。以功能区划理论为例，该理论结合我国人口分布、经济发展格局和国土资源的利用情况阐述了空间结构对经济发展和环境保护的重要作用，有利于缓解我国经济增长所带来的资源枯竭、环境恶化等问题。功能区划通常包含生态功能区划、城市功能区划、空间开发功能区划和主体功能区划。

2003 年国家发改委首次提出将我国划分为四大类型区，包括城镇密集区、生态脆弱区、重点发展区和水资源稀缺区，并针对不同区域实际状况采取差异化发展战略。2006 年我国"十一五"规划纲要中提出"推进形成主体功能区"的发展思路，以区域资源发展潜力、开发密度、环境承载力，围绕全面协调可持续发展目标，将区域划分为禁止开发区、限制开发区、重点开发区与优化开发区四大类主体功能区，确定不同区域的发展方向、功能定位和发展政策等。2007 年 9 月我国形成国家主体功能区划初稿，2008 年 3 月，我国开始研究编制《全国主体功能区划》，并于 2011 年 6 月初正式发布，全国掀起主体功能区划热潮。

关于主体功能区的概念，不同学者从不同角度作出的解释有所差异，归结来说具有以下特征，主体功能区是将特定区域根据其资源开发密度、承载能力和发展潜力划分为具备特定主体功能定位的空间模块①，是内部均质性类型区②，目的在于规范、优化空间发展秩序，往往是根据国家或上级管理区域的主体功能定位，以解决人类与自然、经济与社会和谐发展问题、实现区域宏观调控为目标，按照具体指标而划定的地域③。总之，主体功能区是在充分考虑区域发展基础、承载力和区域战略地位等要素的基础上，重新确定区域发展方向、开发模式和战略目标，以突出区域发展总体目标的功能区。这种主体功能地位具有超越性、相对稳定性和动态变化性，既要超越一般功能、特殊功能，但又不影响它们的正常发挥。

主体功能区划包括多种类型，按照地域结构可划分为国家主体功能区划、省域主体功能区划和城市主体功能区划。国家主体功能区划是在全国范围内确定空间发展格局、划分战略性功能区，对各省、市、区层面的主体功能区划起到约束和指导作用。省域主体功能区划是在国家主体功能区划的基础上，考虑区域经济、人口、自然、社会和环境等因素，确定各大主体功能区界限、功能、定位和发展方案，实现区域经济有效快速发展。城市主体功能区划是根据市域发展现状，确定区域主体功能、布设导向功能区内建设空间结构以及划分小尺度"非主体功能区"——管制类型区的过程，其中导向功能区的划分方法参照省域主体功能区划分思想，可划分为生态类限制开发区、农业类限制开发区、城市与工业重点发展区、城市与工业优化开发区，管制类型区的功能与区域主体功能相反，可划分为重点生态保护区、重点农业和生态保护区、重点建设区和农业保护区、重点建设区和生态保护区④。

---

① 杜黎明：《主体功能区区划与建设——区域协调发展的新视野》，重庆大学出版社 2007 年版。

② 张可云：《主体功能区的操作问题与解决办法》，《中国发展观察》2007 年第 3 期。

③ 魏后凯：《对推进形成主体功能区的冷思考》，《中国发展观察》2007 年第 3 期；孙姗姗、朱传耿：《论主体功能区对我国区域发展理论的创新》，《现代经济探讨》2006 年第 9 期。

④ 王丹：《市域主体功能区类型系统及划分标准研究——以沈阳市为例》，硕士学位论文，辽宁师范大学，2010 年。

主体功能区按照不同领域可划分为海洋主体功能区和旅游主体功能区等，海洋主体功能区划是指根据近海岸、海上、海底、远洋等海域发展空间的资源发展潜力、开发强度、环境承载力，以可持续发展为指导思想，结合区域海洋产业和海域利用，以及相邻陆地人口分布、经济条件和城镇化进程等发展现状，将海域空间划分为工业与城镇用海区、农渔业区、港口航运区、矿产和能源区、旅游休闲娱乐区、特殊利用区、海洋保护区和保留区。我国沿海 11 个省、直辖市、自治区分别制定了区域海洋功能区划，对沿海地区海洋开发活动进行了有效指导和动态管理，推动了区域实现可持续发展目标。海洋主体功能区划具有战略性、约束性和基础性，在实施过程中需要尊重自然发展规律，以保护海洋生态环境为首要任务，保障陆地与海洋统筹协调发展，针对不同类型的海洋资源进行分类调查与评价，以海洋自然、社会属性为基础突破行政区界限划分海洋主体功能区功能、面积和区位，并根据海域环境变化而进行动态管理。旅游主体功能区划是综合考虑区域旅游资源价值与空间分布、旅游经济基础条件、旅游企业接待能力、旅游环境承载力和发展潜力等因素的基础上，依据国家主体功能区划思想，以保护旅游资源和生态环境为前提，以完善空间结构、强化空间管理为目标，依托行政区域的数据统计资料，结合区域的自然环境、资源状况和地理区位条件等，科学合理地划分不同主题的旅游功能区，确定各区域资源配置、基础设施布局、公共空间设计、游客布局、发展政策和主题功能等，并根据要素环境的变化进行实时调整，以期优化配置旅游资源、合理调整旅游产业结构、逐步提高旅游产业效益，最终实现旅游可持续发展目标。

三　旅游环境承载力的研究方法体系

（一）旅游环境承载力测度方法

常见的旅游环境承载力测度方法较多，根据旅游环境承载力概念体系的两类划分方法，旅游环境承载力测度主要包括数值型分析法和指标型评价法两大类型。

1. 数值型分析法

数值型分析法是主要旅游景区景点在保持旅游供给和需求处于理想状态下，运用"水桶原理"或"短板理论"，利用定性或定量方法确定游客自身或承载游客的运输工具在特定时间所占用的空间规模或设施量，从而描述旅游目的地的容量特性，包括旅游资源容量、旅游心理容量、旅游生态容量、旅游地容量和旅游经济容量[①]。目前，数值型分析方法最终体现为游客最大或最适宜规模，可以作为辅助旅游综合评价的重要指标参考，但由于该方法未能体现旅游环境系统的复杂性、综合性和变化性特征，不能作为旅游目的地旅游环境承载力调控的唯一标准。

表 2-1　旅游环境容量数值型测度方法

测量指标	指标解释	计算公式
旅游资源容量	资源的极限日容量	$T_c = \dfrac{T}{T_0} \times \dfrac{S}{S_0}$，其中 T_c 为资源的极限容量，T 为每天的开放时间，T_0 为每位游客的游览时间，S 为资源的面积，S_0 为每位游客的最低空间标准
旅游心理容量	在游客获得最大满足时，旅游地所能承载旅游活动的最大容量	$T_r = \dfrac{T}{T_0} \times kS$，其中 T_r 为心理日容量，S 为资源的面积，k 为单位面积空间合理容量，T 为每日开发时间，T_0 为人均游览时间
旅游生态容量	通过生态环境净化和吸收以及人工方法处理旅游污染物的能力	$T_f = \left(\sum\limits_{i=1}^{n} S_i T_i + \sum\limits_{i=1}^{n} Q_i \right) \Big/ \sum\limits_{i=1}^{n} P_i$，其中 T_f 为生态日容量，P_i 为每位游客每天产生的第 i 种污染物量，S_i 为自然环境净化吸收 i 种污染物的数量，T_i 为 i 种污染物的净化时间，Q_i 为每天人工处理的 i 种污染物数量，n 为污染物种类数
旅游经济容量	是旅游设施、相关基础设施以及支持性产业设施的接待能力，以食宿和娱乐设施的供给能力为代表	$T_e = \sum\limits_{i=1}^{m} D_i \Big/ \sum\limits_{i=1}^{m} E_i$；$T_h = \sum\limits_{i=1}^{n} B_i$，其中 T_e、T_h 分别为食品供应、住宿床位所能承载的旅游日容量，D_i 为 i 种食物的日供应量，E_i 为每人每天对食物 i 的需求量，B_j 为 j 类住宿床位数，m 为游客所耗食物的种类，n 为住宿设施种类

---

①　谢彦君：《基础旅游学》，中国旅游出版社 2004 年版。

2. 指标型评价法

指标型评价法是从全方位、多层次和不同侧面，运用一定分析方法，测量旅游目的地各项环境承载力指标变量之间的协调程度，结合"综合原理"，最终得出区域旅游环境综合承载力的一种方法。该种方法首先确定旅游环境承载力的各项评价指标要素及其测算方法，运用加权求和、求最小值，或者利用统计方法对其进行综合评价。有些学者提出旅游地容量概念，将旅游地各景区景点容量和区域道路容量的加和，或者将旅游地资源容量、生态容量、心理容量或经济容量的最小值作为区域容量值。旅游环境承载力综合评价的统计分析方法主要有模糊综合评价法、主成分分析法、灰色关联评价法、状态空间法和物元分析法等。

其中，模糊综合评价法是以模糊数学理论为基础，运用模糊关系合成的原理，将旅游环境承载力系统中边界不清、难以用精确数字描述的指标定量化，设定不同等级标准值，并将指标数值与其比较测算，得出旅游环境承载力综合指数的一种方法。

主成分分析法是利用空间降维的思想将多个复杂指标归结为个别综合指标的数学分析方法，是基于最小均方误差的提取方法。主成分分析法适用于多变量的研究对象，能够将多维复杂的指标转变成关键综合指标来表示，也就是主成分，每个主成分是通过建立原始指标之间的线性函数关系式，剔除重复指标，并将原始指标中关联性较大、差异不十分明显的指标表现出来，较为直观的判断影响研究对象的关键因素。毕普云等构建包含经济环境、社会环境、生态环境组成的旅游环境承载力评价指标体系，利用主成分分析法分析海南省旅游环境承载力[①]。

灰色关联评价法是根据各项指标之间发展态势的相似或相异度来衡量因素之间以及与综合承载力指数之间的关联程度的方法，反映了各评价对象对理想状态的接近程度，是进行优势分析的基础，也是进

---

① 毕普云、姜维：《海南旅游环境承载力研究》，《海南师范大学学报》（社会科学版）2013 年第 7 期。

行科学决策的依据。

　　状态空间法是在构建状态变量、输入和输出向量三维变量集合的基础上，根据相关公式计算状态空间的原点与系统状态点所构成的矢量模，以此作为区域旅游环境承载力的数值。

　　物元分析方法是 1983 年蔡文教授创立的以解决现实矛盾问题为目标的新学科。物元分析法是构建由"事物、特征、量值"三要素组成的多层级指标性能参数的评定模型①，通过确定物元矩阵、经典域与结域物元、关联函数及关联度，最终以定量的数值表示研究对象评价结果与等级②。物元分析法在大气环境、土壤环境、地下水环境和生态环境质量评价中得到广泛应用，具有实用性、客观性等特征，并且逐渐运用到旅游研究领域，张广海等利用物元分析法建立旅游环境质量评价模型，以青岛市为研究对象，判断区域旅游环境质量水平，并提出旅游与环境协调发展对策③。

　　此外，旅游环境承载力指标型评价方法还包括经验测算法（根据大量的实地调研得出经验值或公式对旅游环境承载力进行测算），生态足迹法④（计算区域旅游生态足迹以此来衡量区域旅游环境可持续承载能力）、多目标决策法（用系统与动态方法分析在不同水平和方案中旅游环境承载的生态、经济、人口规模）、BP 网络神经和系统动力仿真法等方法。

　　指标型评价方法适用于中宏观尺度的旅游环境承载力研究，相对数值型分析法更加全面、更加完整，但是这些指标型评价方法是定性和定量相结合的方法，需要依托相关的指标标准值，具有一定主观性，不同区域、不同时期、不同侧重点的指标标准和等级不尽相同。同时在运用这些方法分析的过程中，有些学者侧重时间轴上的比较分

---

①　蔡文：《物元模型及其应用》，科学技术文献出版社 1994 年版。
②　樊霆：《旅游环境承载力理论及评价方法研究》，硕士学位论文，湖南大学，2006年。
③　吴华军等：《基于物元分析的生态环境综合评价研究》，《华中科技大学学报》（城市科学版）2006 年第 3 期。
④　章锦河、张捷、梁琳等：《九寨沟旅游足迹与生态补偿分析》，《自然资源学报》2005 年第 5 期。

析，有些学者则侧重区域范围内的对比研究，其主要内容是区域旅游环境承载力现状，对于旅游环境承载力的时空分析和潜力分析较为缺乏，因而需要加强旅游环境承载力预测预警评价方法的客观性、科学性和预见性。

（二）旅游环境承载力预测方法

旅游环境承载力预测是旅游环境承载力预警系统的重要组成部分，预测方法关系到预警结果的可靠性。旅游环境承载力主要有定性预测和定量预测两种预测方法。定性预测是指在分析研究对象现实状况的基础上，根据预测主体的经验，主观预测研究对象的发展趋势、未来性质和转折点，包括专家预测法、市场调查法、主观概率法、交叉影响法等。定性预测主观性较强，预测结果缺乏科学依据，因而应用较少。定量预测是建立在大量的历史数据的基础上，建立数学计量模型，推断和评估研究对象的未来值，主要包括回归预测法（主要有一元和多元线性回归法）、时间序列法（如指数平滑法和灰色预测法）、人工神经网络法等。

回归预测法是指在观察和分析事物发展主要影响因素的基础上，探寻影响因素与事物之间的关系，利用数学研究方法分析由于影响因素变化带来的事物变化发展规律，建立两者之间的因果关系，从而确定其未来变化趋势的定量预测方法。回归预测法按照自变量数量可划分为一元回归预测和多元回归预测法，依据因变量与自变量的相关关系，可分为线性和非线性回归法。旅游环境承载力预测一般运用一元与多元线性回归预测和多项式预测法等。一元线性回归预测法是指自变量与因变量之间存在着线性相关关系，两个变量可建立函数关系式，根据自变量的变化情况预测因变量的变化趋势。多元线性回归预测法是指某个因变量与多个自变量具有线性相关关系，通过建立数学关系式，可预测未来一定时期内多个自变量变化所带来的因变量变化趋势。多项式预测法是非线性回归预测中的主要方法，适用于分析曲线、曲面、超曲面的问题，当自变量与因变量之间的关系无法确定时，可以采用幂次的多项式来表示。当自变量个数为 1 时，可用一元多项式方程来表示，具体方程形式包括指数模型、Logistic 曲线模型。

时间序列预测法是基于预测对象的历史数据和资料，以时间排序为基础，构建数学模型，分析变量在时间序列上的变化发展规律，并预测研究对象未来时段的发展趋势的测算方法。主要包括移动平均法、简单平均法、加权平均法、季节指数法、指数平滑法和灰色预测等。其中旅游预警预测常用灰色预测法与指数平滑法。灰色预测法是邓聚龙教授于 1982 年开创的一种利用原始数据、构建灰色模型定量预测研究对象未来发展趋势的一种时序模型预测法，主要针对"小样本、贫信息、不确定"的研究对象，广泛应用于农业科学、环境保护、经济管理、矿业工程、水利水电、信息科学等众多领域，并且在区域的游客流量、旅游需求、旅游环境承载力预测等旅游领域也得到运用。张广海等以山东半岛城市群为研究对象，利用灰色预测法预测区域旅游环境承载力的动态特征①。康传德等构建灰色预测模型分析了旅游电子商务市场的市场潜力②。指数平滑法是指计算指数平滑值，构建时间序列预测模型预测未来变化趋势，当期指数平滑值等于前期指数平滑值与本期实际观察值的加权平均。

人工神经网络法（Artificial Neural Network，ANN）是由大量处理单元互相关联而成的网络，具有自组织、自适应和自学习特点，同时还具有输入输出映射能力较强、易于学习与训练等优点，在处理相互作用且具有复杂的交叉/动态效应的变量间关系有着独特的功能。人工神经网络模型中运用最广和最成熟的模型是 BP 神经网络模型。BP模型是一种适用于非线性的模式识别与分类预测的人工神经网络，包括输入层、隐含层和输出层三个基本组成部分，每层由多个独立神经元节点通过权相连接。其基本步骤是通过特定网络输入、设定连接权，经过隐节点层，输出"激励值"并传播到输出层节点，最后获得输出值，通过比较分析输出值与期望值，由输出层向隐含层和输入

---

① 张广海、刘佳等：《山东半岛城市群旅游环境承载力综合评价研究》，《地理科学进展》2008 年第 2 期。

② 康传德、庄小丽、魏龙吉：《基于灰色系统理论的市场潜力预测模型》，《石家庄经济学院学报》2006 年第 2 期。

层逐层修改连接权。这种方法就是通过"正向传播"和"反向修正"反复交替的方式，使得输出值和期望值的均方差达到最小，网络趋向收敛，连接权不再变化，学习过程停止将会得到网络权值和阈值（如图2-3）。

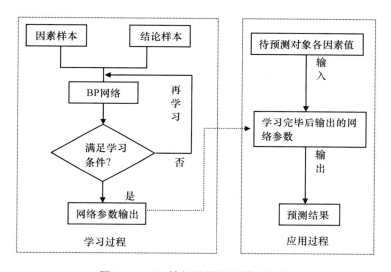

图2-3　BP神经网络预测模型思路

　　总之，回归预测法需要较为齐全的指标数据，构建线性回归模型，运用最小二乘法测量回归系数，并预测指标的未来数值，这种方法对于数据的要求较高，方法简单，但是这种预测方法仅研究相关的因素，在一定程度上缺乏整体性。时间序列预测方法注重数据的时间变化趋势，忽略了其他影响因素，因而排警结果具有一定片面性，适合中短期预测而不适合长期预测分析，一般在旅游经济预警和旅游企业危机预警中运用广泛，对数据的年限要求较高，往往需要以年、季、月或日为单元的十个时间段以上的连续数据，时间单元取值不同所得预测结果也会有所差异。灰色预测模型是较为常用的预警预测方法，适用于"小样本、贫信息和不确定"的研究对象，多用于对景区的游客流量和旅游需求进行动态模拟。人工神经网络是一种智能化信息处理系统，具有较强的自我学习、适应、组织和容错能力，有利

于有效解决非线性问题。其中 BP 神经网络是最具代表性的人工神经
网络系统，能够有效处理诸如模式识别、图像处理、数据压缩、系统
辨识、函数拟合、优化计算、最优预测预报、分类、评价和自适应控
制等现实问题，在环境承载力预警研究中得到有益的运用①。但是该
方法对于数据样本的要求较高，输入层和隐含层节点的确定因人而
异，给系统的运行增加了难度。

四　旅游环境承载力预警系统的内容体系

旅游环境承载力预警系统构成复杂，应在分析旅游环境系统、旅
游环境承载力系统的基础上，构建旅游环境承载力预警系统，分析系
统特点及其运行机制，为开展旅游环境承载力预警仿真分析奠定
基础。

（一）旅游环境及旅游环境承载力系统

随着旅游产业的深入发展，旅游者的旅游活动以及旅游经营者的
开发经营活动与周边环境的相互作用关系更加密切，旅游环境为旅游
业发展提供客体要素，同时也是旅游产品不可分割的重要组成部分，
受到许多学者的关注。1981 年陈光裕率先提出旅游环境的概念，提
出旅游环境是指旅游业发展过程中激发旅游者产生旅游活动，获得美
感享受、精神和物质满足、知识趣味的自然、社会、经济、政治和科
技等环境。在此之后，学者开始从活动场所、旅游目的地范围与内
容、旅游者、旅游环境系统、地理环境、空间结构等角度界定旅游环
境的概念和旅游环境系统构成。归结来说，旅游环境系统是一个以旅
游活动为中心，依托旅游目的地环境要素，由自然环境、经济环境、
社会环境、文化环境和社区环境构成的复杂系统，各系统之间相互关
联、相互作用，形成了区域旅游产业持续稳定发展的基础条件，并影

---

① 邓祖涛、陆玉麒：《BP 神经网络在我国入境旅游人数预测中的应用》，《旅游科学》
2006 年第 4 期。

响着旅游产业发展的综合外部环境①。

　　旅游环境系统的这种特性决定了旅游环境承载力不仅受到当地社会结构、文化传统、资源环境、经济结构和政治法律等因素的影响，而且受到来自旅游者特征、旅游活动类型、规划管理和技术等外界因素的影响，旅游环境承载力系统呈现复杂性特征。目前，国内学者主要从承载力属性、要素构成、环境系统构成等角度对其进行分类（详见表2－2）。

表2－2　旅游环境承载力构成体系

构成依据	构成体系
容量属性	基本容量——旅游资源容量、旅游心理容量、旅游生态容量、地域社会容量和经济发展容量；非基本容量——旅游合理容量和极限容量（楚义芳）
要素构成	交通环境承载力、生活环境承载力、游览环境承载力、自然环境纳污力、旅游用地承载力、社会经济承载力
旅游环境系统结构	旅游环境生态承载力、心理承载力、资源空间承载力、经济承载力（崔凤军）
旅游地域系统	客体子系统承载力——生态承载力和旅游资源承载力，媒体子系统承载力——基础设施承载力和旅游服务设施承载力，主体子系统承载力——管理水平承载力和旅游者心理承载力、当地居民心理承载力（翁钢民）

　　旅游环境承载力构成体系尚未统一，但普遍从资源环境、经济环境、社会环境和生态环境四方面入手，根据不同的研究对象，系统构成指标有所差异，以期更好地为景区、景点、城市或更大范围的研究区域的旅游研究和实践探索提供依据。

（二）旅游环境承载力预警系统的构成

　　旅游环境承载力预警系统应以旅游环境及旅游环境承载力的内

　　① 李丰生、赵赞、聂卉等：《河流风景区生态旅游环境承载力指标体系研究——以漓江为例》，《桂林旅游高等专科学校学报》2003年第5期。

容体系为基础。旅游环境承载力预警系统与旅游环境承载力系统具有一致性，也存在不同种类的构成体系，主要包括从预警原理将旅游环境承载力预警系统分为旅游警情监测、警源分析、警兆识别、警度预报与排警对策五个子系统①；从生态学角度，将旅游环境承载力预警系统分为自然环境承载力、经济环境承载力和社会环境承载力三大部分；从环境学角度，构建旅游资源环境、旅游自然生态环境、旅游社会服务环境、旅游社会文化环境、旅游经济环境和旅游信息环境预警子系统；从旅游客体、媒体和主体角度，构建旅游资源、生态环境、旅游服务设施、基础设施、管理水平、旅游者心理、当地居民心理承载力预警系统；从景区内外环境角度，分为自然环境（自然资源、生态环境）、人工环境（空间环境、设施环境）、社会环境（人文环境、经济环境、心理环境和管理环境）承载力预警体系。

综上所述，旅游环境承载力预警系统主要包括资源环境、生态环境、经济环境和社会环境四个子系统，所涉及的内容具体如下：

1. 旅游资源环境承载力预警子系统

旅游资源环境承载力指在区域旅游生态系统保持稳定的条件下，衡量特定时期和范围内，在资源生态环境系统不超出弹性限度条件下，各种资源的供给能力、修复能力、容纳的游客人数和所能支撑的旅游经济活动规模。影响旅游资源环境承载力的因素包括水、土地等基础性自然资源，还包括旅游资源丰度、旅游资源吸引力等。

2. 旅游生态环境承载力预警子系统

旅游活动是旅游者在旅游过程中对旅游生态环境的感知与体验，旅游生态环境是开展各种旅游活动的基础与前提。旅游业的发展会对区域旅游生态环境造成影响，生态环境承载力就是在保持生态环境稳定、环境状况不发生恶化的情况下，区域的水环境、大气环境、土地环境等对旅游活动污染物的容纳量，以及对旅游负面影响的缓解能力。

---

① 王丽：《城市旅游环境承载力预警研究》，硕士学位论文，燕山大学，2011 年。

3. 旅游经济环境承载力预警子系统

旅游业是一个综合性产业，旅游活动的开展需要旅游相关行业的支持。旅游经济环境承载力主要反映旅游业发展所需的旅游服务设施、区域经济水平、消费水平、基础设施及相关辅助行业支撑所能承载的旅游人数和最大旅游活动强度。

4. 旅游社会环境承载力预警子系统

社会环境承载力是特定时期旅游地在其旅游开发利用过程中，区域政策、文化、民俗、旅游认知、心理满意度等旅游社会环境承载旅游及其相关活动的能力，主要包括旅游者和当地居民的生理、心理与社会文化承载力。

（三）旅游环境承载力预警系统的特点

旅游环境承载力预警与旅游环境承载力评价及其预测所关注的核心都是旅游生态环境系统和区域环境质量的变化规律，这三者之间相互依存、相互影响，评价是预测的前提，预测是预警的基础，预警是评价和预测的延伸[①]。旅游环境承载力预警系统与评价和预测相比，具有动态性和预防性、累积性和滞后性、复杂性和系统性特征。

1. 动态性和预防性

警情状态会随着区域环境和旅游业发展变化而不断调整，在不同的阶段呈现出不同的发展趋势。这是由于形成这种警情状态的警源要素始终处在变化之中，因此旅游环境承载力预警系统应注重动态预测预警研究，监测研究对象的动态变化趋势，并根据发展趋势对恶化警情做出预报，制定防范措施。预测预防超载现象是旅游环境承载力预警的主要目的，将对恶化趋势的区域进行调控、修复，将超载问题的破坏作用遏止在萌芽状态。另外，在制定旅游环境承载力预警标准的时候，要根据相关标准和历史经验数据进行科学界定，注重可控性指标的选择，分析未来可能发生的环境问题，以便制定、调整应对方案。

---

① 詹晓燕：《环境安全预警系统研究》，硕士学位论文，浙江大学，2005 年。

表 2 - 3　旅游环境承载力评价、预测和预警的比较分析

类型	旅游环境承载力评价	旅游环境承载力预测	旅游环境承载力预警
研究重点	环境承载力的高低程度，影响因素分析	环境承载力的演化趋势、发展方向	判断旅游环境承载力承载状况和未来承载区间，重点分析超负荷承载现象
时间节点	强调历史分析和现状评价	强调未来趋势分析	强调将来不同时段的动态变化
评价结果	得出静态结论，指导现实发展	得出未来动态结论，为制定发展计划提供依据	涉及变化趋势、状态和质变等多方面的动态结论，更有效指导决策和计划的制定
相互关系	评价是预测和预警的基础	预测是预警的前提，也是评价的延伸	预警是评价和预测理论在实际中的交叉运用
研究进展	理论和方法体系相对成熟，在旅游规划和景区管理中发挥重要作用	有一定理论和方法的探讨，但是关注度不够	处于初级探索阶段，基础理论和模型运用有待深入

2. 累积性和滞后性

旅游环境承载力预警系统是基于中长期宏观环境的预警研究。旅游环境生态问题是在较长时间范围内旅游业发展过程中所造成的资源破坏、环境污染、生态失衡等现象，经历了一个从量变到质变的过程，可见旅游环境承载力预警系统的警情具有累积性，这要求旅游环境承载力预警分析应合理确定时空范围，有针对性地找出隐患。同时由于警情的累积特征，旅游发展所造成的不良后果的显现往往具有滞后性，而这种滞后性与旅游业所处发展时期密切相关。如果区域旅游业发展处于初级阶段，那么旅游环境警情滞后时间较长，资源环境基础相对较好，环境自我修复能力较强，不易遭受破坏；如果区域旅游业发展处于中期发展阶段，那么警情滞后时间缩短，旅游环境问题逐渐显现；如果处于成熟衰退阶段，警情滞后时间最短，环境自我修复能力较差，资源容易遭受破坏。因而，预警研究过程中，应选择具有预见性的指标，保障预警系统的有效性。

3. 复杂性和系统性

旅游环境承载力预警系统受到旅游环境系统内部各要素以及外部

环境要素的影响，其警情指标之间的作用关系以及警源要素均具有复杂性。鉴于这种复杂特征，旅游环境承载力预警系统的运行涉及目的地自身各个环节、工作岗位、相关部门以及景区景点，甚至关系到景区内部的设施设备、生态环境、管理方式和职能，是一项复杂的系统工程。因此，旅游环境承载力预警系统应从资源、生态、经济和社会环境等方面进行全面协调，结合旅游目的地的客观发展现状，全面整合分析承载力的主要影响因素，区分主次，确保预警系统的科学性和准确性。

（四）旅游环境承载力预警系统的运行机制

旅游环境承载力预警系统的运行机制是指旅游环境承载力预警系统的运行规律和逻辑结构，是一种有效调整旅游环境系统承载能力系数的制度安排，关系到旅游环境承载力预警系统的预警效果。

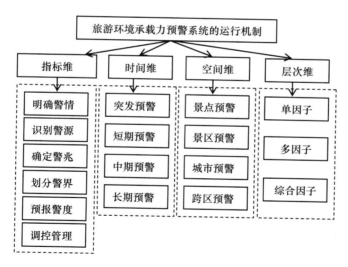

图 2-4　旅游环境承载力预警系统的运行机制

旅游环境承载力预警运行机制是旅游环境承载力预警系统的核心，是建立预警系统的首要环节，应根据预警基本原理，综合计算机技术、旅游学、社会科学、自然科学、系统科学、农林科学、哲学等学科知识，根据经济预警、环境预警、风险预警、安全预警等预警评价逻辑过程，建立一个四个维度（包括预警指标、时间、空间和层次）的复合结构模型。

1. 指标维度

预警指标是预警评价和预测的核心要素，主要包括警情、警度、警源和警兆指标。旅游环境承载力预警系统应按照明确警情、识别警源、确定警兆、划分警界、预报警度和调控管理的逻辑过程（见图2-4），建立健全动态预警指标运行机制①。

（1）明确警情。预警评价的首要步骤就是明确警情指标，描述旅游环境承载力系统内外部情况，为建立警兆指标体系奠定基础。预警警情指标包括单项指标测度和多项综合指标测度，通常自然预警以单项预警指标分析为主，如降雨、火势、地震波是水灾、火灾、地震的警情指标。但是由于旅游环境承载力预警系统较为复杂，涉及自然环境、生态环境、资源环境、经济环境、社会环境和社区环境等多方面因素，旅游环境承载力系统具有脆弱性，单项指标难以全面反映系统状况，因而这里综合考虑旅游资源、旅游经济、旅游社会和旅游生态环境承载力四大方面，建立综合指数作为旅游环境承载力预警系统的警情指标，以此来判断旅游产业的环境承载力状况。

（2）识别警源。识别警源指标是指寻找产生警情的根源，它是预警评价过程的核心步骤。旅游环境承载力系统较为复杂，旅游环境承载力发展主要受到旅游产业系统的自然环境、经济基础、社会文化和生态保护等多方面因素的影响，应综合考虑这些影响因素，综合分析引起旅游环境承载力超载或弱载的可能性、后果范围、损害的大小以及时间范围等。

（3）确定警兆。警兆是警源发生变化并形成警情的外部表现，用于预报预测警情。确定警兆是在预警评价过程中的重要环节，是依照一定的方法判断影响警情状况的主要指标。警兆分为动向警兆和景气

---

① ［澳］盖尔·詹宁斯：《旅游研究方法》，谢彦君、陈丽译，旅游教育出版社2007年版。

警兆，前者是直接反映其警情的正向或反向变动趋势，而后者则反映区域系统运行、发展现状与警情程度。

（4）划分警界和预报警度。预报警度主要是根据各警兆指标实际数据来测算警度，判断警情状态。警界区间的划分是预警研究的前提条件，直接关系到预警等级以及警情的判定结果。通常划分警界区间的方法主要有：①系统化方法，主要指根据预警系统历来构建经验，基于大量历史研究数据，依据各类原则或标准来确定警限，包括多数原则（根据定性分析结果，将超过 2/3 的数据作为有警和无警的分界区间）、半数或中数原则（将一半以上处于无警状态的研究样本作为警界界限）、均数原则（假定研究对象的现状水平低于历史水平，将历史数据平均值作为无警界限）、少数原则（将研究对象表现为少数典型无警发展状态的指标界限作为无警界限）、负数原则（将零增长或负增长数值作为有警警界标准）、参数原则（参考与研究对象相关的指标数值或标准值）；②模糊判断法，属于对比判断法，主要是根据历史数据和相关行业指标数据值，从横向和纵向角度确定和划分相应的隶属度，以此作为警界标准；③专家确定法，主要是征集研究领域与相关领域专家的经验，结合实际情况确定警界区间，主观性较强；④控制图方法（即 3σ 法），主要是根据控制图报警系统中的异常点来运作，假定预警指标服从正态分布原则，以各指标数据为样本，比较分析各复合指标数据的预警期望值（平均值 x）与标准差 σ 的偏离程度，测算 $[x-3\sigma, x+3\sigma]$，以此作为预警区间的警界线[①]。总之，这些方法大部分以定性判断为主，其中 3σ 法是以各指标数据为样本，比较分析各复合指标数据的预警期望值（平均值）与标准差的偏离程度，判断结果相对客观。

旅游环境承载力自身包含容量的概念，代表区域旅游环境承载旅游活动的能力，如极限容量、最适宜容量、最佳容量、心理容量研究都体现出研究对象在一定条件下的极限值，以及容量阈值区间的分

---

① 文俊：《区域水资源可持续利用预警系统研究》，博士学位论文，河海大学，2006年。

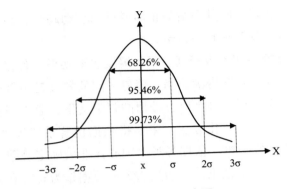

图 2 – 5 3σ 法则示意图

析，包括超载、中载、弱载的描述。旅游环境承载力预警是在旅游环境承载力极限值计算的基础上，运用一定的科学方法，确定警度，分析警界状态，发出预警信号，促进区域经济、社会和环境效益的协调发展，为区域旅游规划、开发与管理提供依据。目前旅游环境承载力预警警界区间的划分方法主要有指数法、比较法和速率法三种类型。

指数法主要利用旅游环境承载力（代表旅游供给规模）与旅游环境承载量（旅游需求规模）的比值作为旅游环境承载力指数，根据专家咨询法划分旅游环境承载力指数的预警区间。赵永峰在进行新疆旅游环境承载力预警研究中，利用指数法将预警区间划分为警惕区（代表旅游地处于超弱载运行状态）、正常区（代表旅游地处于正常运行状态）和报警区（表示旅游地处于严重超载运行状态），并有针对性地制定调控措施。

比较法利用现实值、预测值与指标数值、理想状态值或标准值之间进行比较，得出预警区间。这种方法不仅考虑了旅游地的现实发展状况，同时注重区域未来的发展潜力，有利于中长期规划的预警研究。霍松涛采用比较法，测算旅游目的地现实容量和未来时段的预测值，现实容量与指标容量的比值大于 1，代表属于轻警状态，比值大于 2.5，则属于中警状态，比值大于 5 则属于重警状态。梁留科等通过测算旅游客源地和旅游目的地之间旅游活动量指标，并将预测值与之相比较，根据比较结果划分预警区间和发布预警信号①。

速率法是一种动态的预警方法，运用旅游环境承载力变化量和时间变化量的比值作为旅游环境承载力的变化速率，以此作为参考值判断旅游环境承载力所处状态（包括不良状态、恶化趋势、恶化速度预警）。如杨春宇就是利用这种方法对生态旅游环境承载力进行预警研究，从时间角度构建动态预警系统的结构、运行机制和数学模型。

总之，上述方法是建立在一定假设条件之下而进行的比较分析，体现了时间动态性的思想，但是仍然主观性较强，指标选择和操作方法不同所得出的结果会有所差异。为增强旅游环境承载力预警的动态性、客观性和有效性，这里采用以样本数据为基准的 3σ 法，以1—2倍标准差作为预警区间，若偏离期望值1倍标准差（σ），即位于 $[x-\sigma,\ x+\sigma]$，则该区间属于正常区间，若偏离期望1倍与2倍标准差之间，即处于 $[x-2\sigma,\ x-\sigma]$ 和 $[x+\sigma,\ x+2\sigma]$，则该区间属于基本正常区间，若偏离期望2倍标准差以上，即位于 $[-\infty,\ x-2\sigma]$ 和 $[x+2\sigma,\ \infty]$，则该区间属于异常区间。

表2–4　旅游环境承载力预警警界划分标准

区间态势	弱载区	成长区	健康区	适载区	超载区
划分标准	$[-\infty,\ x-2\sigma]$	$[x-2\sigma,\ x-\sigma]$	$[x-\sigma,\ x+\sigma]$	$[x+\sigma,\ x+2\sigma]$	$[x+2\sigma,\ \infty]$

具体来说，这里比较分析各旅游环境承载力预警数据的平均值与标准差的偏离程度，将旅游环境承载力预警指数划分为弱载区、成长区、健康区、适载区、超载区5个警界区间（详见表2–4）。其中弱载区表示旅游环境承载力较弱，客源市场、供给水平和承载能力有限，但是发展空间巨大；成长区表示区域旅游市场逐渐扩大，旅游需求逐渐增长，旅游环境承载力水平能够满足需求，旅游业仍然存在发展空间；健康区是指区域旅游供给基本能够满足旅游发展需要，满意

---

① 梁留科、周二黑、王惠玲：《旅游系统预警机制与构建研究》，《地域研究与开发》2006年第3期。

度较高，旅游发展集约化效应逐渐显现，旅游环境承载能力较强；适载区代表旅游业发展速度较快，游客规模较大，旅游发展空间逐渐缩小，旅游环境承载能力得到充分发挥，同时具有承载压力，旅游环境在一定程度上会遭受破坏，需要加强资源保护力度；超载区代表区域旅游业出现饱和现象，承载旅游产业规模超出区域的合理极限范围，对区域旅游业产生抑制作用，并产生诸多负面影响，亟须加强对资源的修复、游客容量与产业规模的控制。

（5）调控管理。调控管理是保障预警系统有效运行的重要环节，其主要任务在于建立预警调控机制和管理机制，制定预警调控方案，有效排除警情，预防旅游环境危机事件，保障旅游环境承载力预警系统正常运行。旅游环境承载力预警调控机制是实现预警目标的重要保证，是通过多种调控手段在生态环境系统、预警技术、各种影响要素与调控方案等之间建立起相互联系和相互制约的关系，并对区域旅游环境承载力预警系统的运行过程和发展方向进行调节控制，以达到对区域旅游环境承载力进行动态调节、管理、监控的目标。滨海旅游环境承载力预警系统中存在资源环境脆弱、环境污染严重、季节性人口超载现象突出、经济发展不平衡等问题，均造成沿海地区旅游环境承载力预警系数增加，应建立旅游环境承载力预警调控方案，进一步完善旅游安全应急调控管理体系，建立健全旅游安全提示预警、应急机制以及旅游安全保障机制等，及时发现并处理各种可能出现的危险信号，寻找警源，从而降低或消除旅游环境承载力危机，促进旅游业的正常运行。另外，还应加快形成系统外部调控机制，充分发挥大众传媒的作用，不断完善信息披露、加强与外部沟通的功能，有效调控淡旺季旅游者流量，保障旅游环境承载力处于警戒范围之内。

旅游环境承载力预警管理机制关系到预警系统运行与调控机制的有效实施，也是预警机制的重要组成部分，可从加强人才队伍建设、信息系统建设、组织管理建设与政策法规建设等方面，提升旅游环境承载力预警管理水平，增强旅游环境保护与管理效率。旅游环境承载力预警管理是一项技术管理工作，不仅需要经济管理类人才，也需要能够操作技术软件、设计信息管理系统、编写管理界面程序等技术型人才，同时还需要掌握了地理信息、旅游开发、城市规划、资源环境、危机管理等知识的综合型人才，因而旅游环境承载力预警管理应不断提高开发管理人才素质，提高工作效率，为旅游环境承载力预警管理提供强有力的人才支撑。为加强旅游环境承载力预警管理的约束能力和顺利实施，应加强数字化预警信息系统建设，增强旅游法律法规的贯彻执行力度，在旅行社、饭店、景区景点等相关旅游企业全面开展旅游预警培训工作，培养旅游利益相关者的风险预警意识和危机管理思想，发挥旅游行业管理的协调作用，保障调控方案的顺利进行，完善旅游环境保护方面的规章制度，建立健全旅游服务质量标准管理体系，提高旅游环境承载力预警管理能力和效果。

2. 时间维度

预警是个动态的研究过程，时间要素是预警系统的重要参数，警情发生的时间距离预警发布的时间越短，警情状态越紧急，根据这个时间长短，可以把系统分为突发预警、短期预警、中期预警与长期预警四个阶段。突发预警主要是针对旅游突发事件、安全事故、灾害的预警研究，短期和中期预警在旅游危机预警、旅游安全预警和环境预警中均有所运用，而对于长期预警的研究较为缺乏。旅游环境承载力本身具有长期性和动态性特征，本书主要开展旅游环境承载力长期预警研究，对于把握旅游环境承载力未来方向和发展趋势具有重要作用。

3. 空间维度

空间维度主要反映预警研究对象的空间范畴和管理尺度。从旅游预警研究对象的空间范围来看，主要包括旅游景点、旅游景区、城市和跨区域范围的地域单元，其中景区景点主要是微观角度的空间分析，而城市和跨区域的研究主要是中宏观角度的分析，目前微观角度的旅游环境承载力研究较多，但中宏观角度的研究相对缺乏，特别是针对沿海地区旅游环境承载力的比较研究较少，因而这里以沿海地区为研究对象，从中宏观角度评价旅游环境承载力，并进行预警研究，对于沿海地区旅游可持续发展具有重要意义。

4. 层次维度

预警系统运用广泛，因研究对象的不同，其选用的评价因子有所差异，主要包括单因子预警、多因子预警和综合因子预警三大类。早期旅游景区环境承载力预警多采用游客容量指标作为景区的预警指标，后期融入旅游景区的设施容量、空间容量指标，形成多因子预警指标体系，目前旅游环境承载力预警指标体系多采用综合因子预警指标体系，不仅考虑区域旅游接待系统自身内部的承载力，同时考虑区域环境的整体供给能力，构建包括旅游接待环境预警指标、区域生态、经济和社会环境预警指标，本书参照相关研究成果，采用这种综合因子预警指标体系，构建综合预警模型，全面分析旅游环境承载力警情、警源和警度。

第三章　我国沿海地区旅游业
发展环境分析

一　我国沿海地区旅游发展基础环境

我国沿海地区地处亚欧大陆东部，面朝太平洋，南起海南省，北至辽宁省，海岸线长度约为 18000 千米，区域总面积为 129.2 万平方公里，占我国陆地总面积的 13.46%，分布着辽宁、天津、河北、山东、江苏、上海、浙江、福建、广东、广西、海南 11 个沿海省、自治区、直辖市，53 个沿海城市、242 个沿海区县（考虑数据资料的可获取性，不包括三沙市、台湾省、香港和澳门）。区域地势相对平缓，工农业生产条件优越，拥有水体资源、矿产资源、生物资源、海洋资源等多种类型的资源，自古以来就是我国经济发达地区，对外开放程度较高，在整个经济发展中发挥着龙头作用，也为区域旅游业的发展奠定了优越的区域外部宏观环境基础。

（一）经济实力

改革开放以来，沿海地区经济快速发展，经济规模逐渐扩大，对全国经济增长的贡献作用不断提高。2007 年沿海地区 GDP 占全国的比重达到最大值，2008 年遭遇金融危机重大打击，经济恢复进程缓慢，相对而言，中部崛起、西部大开发战略的实施，促使中西部地区有较快发展，东部沿海地区的优越地位受到威胁。2016 年沿海地区 GDP 总量为 41.7 万亿元，较 1978 年增长近 244 倍，占全国总量的比重提高了 9 个百分点（见表 3-1）。这主要是由于我国沿海地区充分利用充足的资金投资、先进的技术设备和优越的人才资源，积极制定各类经济发展规划，加大政府投资，全面贯彻海洋强国发展战略，积极促进天津、秦皇岛、大连、上海、青岛、海口等沿海开放城市，形成了珠三角、闽东南、长三角、京津唐和山东半岛等城市群，以及上海浦东新区、天津滨海新区等沿海经济区。旅游业在新时期区域经济发展中发挥了重要作用，许多地区将旅游业作为区域经济发展的重要引擎，依托良好的资金、技术、人才和基础设施条件，积极发展旅游产业，刺激旅游消费，拉动经济增长。但是沿海地区经济发展呈现饱和状态，资源可持续开发利用和环境保护成为新时期区域发展的首要条件，在一定程度上限制了旅游经济承载能力，因而旅游环境承载力预警研究应将区域经济基础条件纳入评价指标体系当中。

表 3 – 1   主要年份沿海地区 GDP 变化趋势

年份	GDP（亿元）	GDP 占全国总量的比重（%）
1978	1710. 08	46. 91
2000	55260. 96	55. 70
2003	78355. 43	59. 46
2007	161170. 6	64. 11
2011	289050. 4	61. 30
2016	417675. 5	56. 13

数据来源：《中国统计年鉴》（1979—2016）。

沿海地区交通基础设施建设是经济发展的重要影响因素。沿海地区地理环境独特，拥有良好的筑港条件以及广阔的开发海运事业的经济腹地，分布着大连、丹东、天津、秦皇岛、青岛、连云港、上海、温州、宁波、福州、厦门、汕头、北海、海口及三亚等港口，7/10以上集中在广东省、福建省、浙江省、山东省的沿海地带，港口资源开发利用程度较高，均是我国与国际进行贸易、经济和旅游往来的重要通道，并在传统装卸、运输功能的基础上增加综合服务、信息服务和旅游服务等功能。另外，高铁、动车、轻轨、城际铁路的建设以及公路网络规模逐渐扩大，增强了城市、区域之间的联系，缩短了交通成本，增加了区域可达性。沿海地区航空线路密集，航班次数多，承载能力较强，并对外与日本、韩国、中国台湾等地开通了直飞航班，形成以上海、南京、厦门、广州、桂林、青岛、大连等中心城市向国内外辐射的航空网络系统。可见，我国沿海地区是沟通内陆与海外地区的重要经济集散地，形成了由港口、铁路、公路、航空、水路构成的立体化、信息化、高速化、国际化的交通网络，交通体系和服务功能逐渐完善，运输能力不断提高。2015 年，我国沿海地区客运量达到 70 亿人，货运量为 182 亿吨，等级公路里程达到 126.4 万公里。区域交通设施建设，加强了沿海地区城际、区际和国际之间的联系，为区域经济发展提供了交通保障，同时也为旅游业的发展提供了支撑，往往铁路、公路、港口集散地或交通沿线城市形成我国著名的旅游目的地，如上海、济南、南京、徐州等。

（二）资源环境

我国沿海地区属于季风气候区，气候温暖湿润，河流水系复杂，降雨量充沛，水资源、土地资源、矿产资源等陆域自然资源丰富。其中水资源、土地资源是支撑旅游业发展的最基本条件，水资源和土地资源占有量的大小直接关系到旅游业开发、规划与建设的正常运行，特别淡水资源的占有程度对于沿海地区旅游业的发展空间和实力影响较大。2015 年，我国沿海地区人均水资源量达到 1539.18 立方米/人，低于全国平均水平（5834 立方米/人），可见区域人口集聚程度较高，水资源的承载压力较大。2015 年人均土地占有量达到 2307 平方米/人，其中广西、海南、福建、辽宁、河北的人均土地资源量高于沿海地区平均水平，开发空间相对较大，资源的空间承载能力较强。另外，沿海地区与内陆地区相比，拥有丰富的海洋资源，包括海洋生物资源、海洋化学资源、海洋矿产资源、滨海旅游资源和港口资源，与陆域资源形成互补效应①，也为海洋旅游开发奠定了资源基础。

---

① 楼东、谷树忠、钟赛香：《中国海洋资源现状及海洋产业发展趋势分析》，《资源科学》2005 年第 5 期。

　　沿海地区在利用资源的同时，产生了日趋严重的环境问题。沿海地区非常关注资源保护与可持续利用，通过增加环境污染治理投资、制定法律制度、利用现代科技等手段，在降低环境污染排放量、增加资源循环利用率、培养企业自觉行为等方面取得一定效果。但是我国沿海地区海洋污染仍然较为严重，陆地经济发展带来了一系列入海污染物，主要包括化学需氧量、氨氮和总磷等河流污染物，来源于市政排污与工业排污的入海排污口污染物干沉降，渤海大气污染物湿沉降等海洋大气污染物，近海海域开展的海岸活动以及在海上进行的航运和捕鱼等海上活动带来的海洋垃圾等，对我国沿海环境造成极大的破坏，再加上沿海溢油等突发事故频发、围填海活动盲目，严重破坏了海岸带生境，影响了生态环境质量。我国沿海地区发生多起突发事故，如广东汕尾"雅典娜号"沉船事故、福建莆田"巴莱里"集装箱船搁浅事故、蓬莱19－3油田溢油事故、大连新港"7·16"油污染事件等，对沿海海域造成石油污染，海水水质、生物多样性指数严重下降，在一定程度上也影响了海域景观，对滨海旅游业也造成一定影响。据国家海洋局统计，我国围填海项目的用海面积由2002年的2033公顷增长到2015年的11055.29公顷，改变了自然海岸格局，造成海洋食物链破坏以及海岸带滩涂湿地、红树林等植被遭受破坏、渔业资源衰竭、海港功能弱化、海洋生态系统受损、海水倒灌和土壤盐渍化。根据专项①调查结果，沿海地区水资源短缺现象较为严重，上海、天津、河北、辽宁、江苏、山东、浙江的人均水资源量低于沿海平均水平，53个沿海城市中有约90%的城市出现缺水现象，其中有18个极度缺水、10个重度缺水、9个中度缺水、9个轻度缺水。水资源短缺问题在一定程度上制约了区域的可持续发展，也警示旅游业发展过程中应提高水资源利用效率，增强区域环境承载能力。

　　滨海海水浴场是沿海地区重要的公共景观资源，具有观光、休闲、排污净化等功能，也是滨海旅游活动的重要场所。从我国沿海23个主要海水浴场水质状况来看，近5年水质状况总体良好，2015

---

　　① 国家海洋局：《"我国近海海洋综合调查与评价"专项》，2003年。

年海水浴场水质为"优""良"的天数占91%，健康指数为"优""良"的天数共占93%，适宜和较适宜游泳的天数比例占76%。其中北戴河老虎石海水浴场、厦门黄厝海水浴场、青岛第一海水浴场等海水浴场海水质量为差评的天数相对较多。综上，沿海海水浴场水质存在下降危机，在一定程度上需要加大环境整治力度，增强沿海海域环境承载力。

针对我国逐渐恶化的生态环境问题，我国高度重视生态环境的保护，20世纪60年代开始建设以保护生态环境系统/珍奇动植物资源/自然遗址遗迹等特殊资源、开展科学研究与考察为主要目的的国家/省/市级自然保护区，并通过制定发布法律法规予以严格保护。沿海地区是我国最先建设自然保护区的区域，广东省建设完成的鼎湖山自然保护区掀起了全国自然保护区建设热潮，截至2015年，我国共建设5480个自然保护区，自然保护区占地面积达到29405.6万公顷，其中沿海地区共建设自然保护区916个，占全国总量的16.7%，沿海地区自然保护区面积为1195万公顷，占总面积的4%。总体而言，我国沿海地区自然保护区建设规模较大，但是保护面积相对较小，在区域辖区面积中的比例相对较低；从区域上来看，广东、辽宁、福建、山东、广西、海南的自然保护区个数相对较多，自然保护区面积相对较大，表明这些区域的生态环境保护力度较高，同时也为旅游开发创造了良好的环境基础和资源条件。

表3-2 2015年我国沿海地区自然保护区建设状况

地区	自然保护区面积（万公顷）	自然保护区数量（个）
天津	9.1	8
河北	70	44
辽宁	275.4	104
上海	13.6	4
江苏	53	30
浙江	20	35
福建	44.5	92

地区	自然保护区面积（万公顷）	自然保护区数量（个）
山东	111.9	88
广东	184.9	384
广西	141.9	78
海南	270.7	49
沿海地区	1195	916

数据来源：《中国统计年鉴2016》。

我国沿海地区是自然灾害多发地区，特别是风暴潮、赤潮、海啸、海冰、海浪和浒苔等海洋灾害给区域造成了巨大经济损失。2015年，我国各类海洋灾害共造成直接经济损失50亿元，死亡（含失踪）60人，其中风暴潮灾害造成的直接经济损失最为严重，占总量的92%。虽然我国海洋灾害预警系统不断建立，海洋灾害所造成的死亡或失踪人数有所减少，但海洋灾害发生频次以及经济损失却有所增加，这直接影响了我国沿海地区经济发展进程，也给沿海旅游业发展带来了安全隐患。

（三）政策制度

新中国成立以来，我国加快经济发展步伐，沿海地区是我国对外开发的门户，受到各级政府部门的高度重视，纷纷制定各项政策、战略和规划对其经济发展予以支持。我国沿海地区积极制定区域经济发展规划和区域发展政策，从积极探索区域管理先进模式的"上海浦东新区""浙江舟山群岛新区""天津滨海新区"，到探索发展高效生态经济的"黄河三角洲"，再到培育经济增长极的"长江三角洲地区区域规划""珠江三角洲地区改革发展规划"，以及近期上升为国家战略层面的"辽宁沿海经济带""江苏沿海地区""山东半岛蓝色经济区""海峡西岸经济区""广西北部湾经济区""海南国际旅游岛建设"等发展规划，掀起了新一轮沿海经济开发热潮。

伴随着沿海地区陆域经济的发展，海洋经济发展战略受到更多的关注，深入开发海洋资源空间与资源保护成为新时期经济发展的热点。为掌握我国海洋的基本情况和维护国家海疆安全，从 1958 年国家组织的"中国近海环境与资源综合调查"开始，中国逐步开展各项海洋环境污染调查、海岸带与海涂资源综合调查、全国性海岸资源调查等重大活动，充分体现了国家相关部门的海域管理能力，也为制定我国海洋相关法律法规和海洋管理体制打下了坚实的基础。2002 年以来，先后制定了《海洋环境保护法》《国家海域使用管理暂行规定》等多部海洋法律法规，依托《湿地公约》《海洋环境保护法》《海洋资源法》《无居民海岛保护与利用管理规定》《海岛保护法》等相关法律加大对滨海湿地、海洋环境、海洋资源、无居民海岛和有居民海岛的管理与保护，同时，福建省、辽宁省、浙江省、山东省、海南省和河北省等沿海地区制定了省域和市域层面的海洋功能区划，加大了海洋资源的开发力度，将海洋产业发展纳入到法制化与规范化管理的轨道。党的十八大报告也提出了"维护国家海洋权益""建设海洋强国"的战略目标，2013 年 3 月，我国将原有国家海洋局、公安部边防海警、中国海监、海关总署海上缉私警察、农业部中国渔政重组形成国家海洋局，负责海洋发展规划的制定与颁布、海上维权执法、海域管理监督与海洋环境保护等，建立了综合、统一、高效的海洋管理机构，对于强化海洋资源保护与合理利用、维护国家海洋权益具有重要意义。2015 年 6 月，国家海洋局印发《海洋生态文明建设实施方案》，从生态文明角度加强海洋综合管理建设和加快海洋生态文明建设示范区建设。2017 年，我国相继制定《全国海洋标准化"十三五"发展规划》《海洋可再生能源发展"十三五"规划》，以便完善海洋标准化体系，提高海洋能源开发利用能力，推动海洋强国和 21 世纪海上丝绸之路建设。这些海洋发展规划、海洋发展战略为沿海地区旅游业发展提供方向指引和制度约束，旅游作为新兴产业在国家、地区发展战略布局中将更加受到重视。

二 沿海地区旅游业发展现状

（一）旅游资源及其开发状况

我国沿海地区旅游资源呈现出景观差异性、生态脆弱性、海洋性和季节性特征，类型多样，开发规模较大，丰富程度较高，地理集聚现象显著，资源效度较强，是我国沿海地区旅游资源品牌开发的重点，许多景区在国内外享有盛誉，吸引了众多游客前来观光度假，为沿海地区旅游业的发展提供了丰富的资源基础。

1. 沿海地区旅游资源类型多样

我国沿海地区海域面积广阔，海岸线蜿蜒曲折，陆海生态系统复杂，区域包括 11 个省、直辖市、自治区，跨越热带、亚热带和温带气候区，气候类型多样，形成了近海海岸带景观、海岛景观、水体景观、气候天象景观和生物景观等多种类型的自然旅游资源[①]，以及历史遗址遗迹资源、现代人造旅游资源和非物质文化资源等人文旅游资源，特色鲜明，景观独特（详见表 3-3）。

（1）自然旅游资源

近海海岸带景观。海岸带是陆地与海洋生态系统相互影响、相互作用的过渡区域，也是吸引游客在此开展观光、度假、娱乐等旅游活动的独特景观资源[②]。根据不同岸段的地形、沉积物和水动力，可将其分为海滩、潮坪、三角洲、河口湾等类型，根据不同地质地貌类型，主要分为海滨沙滩、海蚀地貌景观和近海山海景观。海滨沙滩是指在海流搬运作用下，泥沙在水深最小、波浪作用最弱的海湾顶部堆积而形成的景观资源，包括直线形沙滩、对称弧形沙滩、对数螺旋形等不同形态。海蚀地貌景观是指海岸带或海中的岩石受到潮汐、波浪、海流等长年累月的侵蚀作用，所形成的海蚀崖、海蚀柱、海蚀

---

① 马勇、何彪：《我国海滨旅游开发的战略思考》，《世界地理研究》2005 年第 1 期。
② 李加林等：《江苏海岸带景观及其生态旅游的开发》，《海洋学研究》2010 年第 1 期。

表 3 - 3   我国沿海地区旅游资源分类体系

总类	亚类	资源类型
自然旅游资源	近海海岸带景观	海滨沙滩、海蚀地貌景观和近海山海景观
	海岛景观	大陆岛、冲积岛与海洋岛
	水体景观	天然湖泊、河流、海水浴场、泉、潮汐与波浪、海面、海湾、河口
	气候天象景观	自然气象奇观、避暑气候地和避寒气候地资源
	生物景观	森林、绿地、红树林、湿地等
人文旅游资源	历史遗址遗迹资源	人类文化遗址、军事防御体系遗址、古城与古城遗址、名人故居/陵墓/石刻、古代宗教建筑群、古代园林、亭台楼阁建筑、革命纪念地和历史纪念地等
	现代人造旅游资源	工业/农业等产业旅游地景观，科学教育展览馆/博物馆，现代观光/休闲主题公园、购物娱乐街区、土特产/工艺美术品等
	非物质文化旅游资源	婚丧嫁娶、饮食起居等地方风俗与民间礼仪、海洋文学作品、节庆活动、传统技艺、民俗风情和民间传说等

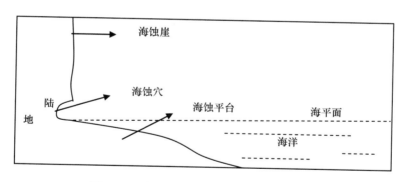

图 3 - 1   海岸带主要地貌景观概念示意图

穴、海蚀平台、海蚀拱桥、水下阶地等形状各异的地貌景观。我国是海洋大国，陆岛海岸线长度达到 24783.8 公里，形成了著名的天然滨海沙滩浴场，如三亚海滨、广西北海银滩、北戴河海滨、青岛海滨、大连旅顺口海滨等。从地域来看，辽宁省人均海域面积最大，海南、浙江、福建、辽宁的人均海岸线长度较大，表明这些地区的海域对滨海旅游活动的承载能力相对较高。

海岛景观。《联合国海洋法公约》中第 121 条法规提出"海岛是指四面被水环绕在高潮时地平面高于水平面而形成的陆地区域"。海岛是独立的地域空间综合体,其独特的地质地貌资源、生态资源以及人文资源等吸引了大量游客,成为沿海地区旅游开发的热点区域。海岛根据有无居民居住可分为有居民海岛和无居民海岛,有居民海岛是目前主要旅游目的地,综合考虑资源景观特色、基础设施条件和人文环境等旅游价值。无居民海岛是指没有常住居民居住的海岛,我国占地面积大于 500 平方米的海岛中,绝大多数为无居民海岛,其数量比重达到94%,但其面积较小,无居民海岛面积约占海岛总面积的2%。无居民海岛具备原生态的资源禀赋特征、优美的自然风光、奇异的生态现象,拥有一定旅游价值。目前,我国公布了 176 个可开发利用的无居民海岛,其中主要用途为旅游娱乐功能的无居民海岛共有104 个,这也将是我国海洋旅游资源开发的重要区域。

表 3 - 4　我国海岛资源统计

类型		在总量中的百分比（%）
按成因分类	大陆岛	93
	冲积岛	6
	海洋岛	1
按有无居民分类	有居民海岛	7
	无居民海岛	93

注：根据相关海岛数据整理而得。

海岛依据成因可划分为冲积岛、大陆岛与海洋岛。冲积岛也称堆积岛,是由陆域河流中的泥沙通过河流的搬运作用在海里堆积而形成的岛屿,地势较低,一般只高出水面 2—5 米,其四周岸边通常分布着因河流和波浪作用而构成的沙堤,位于河口和近岸海域。我国拥有456 个冲积岛,集中分布在河北、山东、广东、广西等地的河口区域,以长江河口段和苏北沿岸最多,其中面积最大的属长江口段的崇明岛。大陆岛是大陆地块因地壳沉降或海面上升与大陆剥离、伸展到海底且裸露在海平面上所构成的岛屿，其地质构造和形成动力与附近大陆基本一致[①]，地势较高，面积较大，资源丰富，旅游景观独特。我国约有 6484 个大陆岛，占海岛总数的 93%（见表 3 - 4），主要集中分布在浙江、福建、广东、广西，如獐子岛、田横岛、海南岛等。海洋岛又叫大洋岛，数量最少，不足总数的 1%，是珊瑚礁或海底火山喷发堆积体高于海平面部分所构成的海岛，包括由海底火山喷发物堆积而成的火山岛，如澎湖列岛，以及由海洋中珊瑚虫骨骼堆积而成的珊瑚岛，如东沙群岛、西沙群岛、南沙群岛、中沙群岛等。我国面积不小于 500 平方米的海岛有 6536 个，包括有居民海岛近 450 个（不包括台湾、香港和澳门），无居民海岛近 6000 个，98% 的海岛面积小于 5 平方公里。从海域分布来看，在不同海域环境和地质条件作用下，各地区海岛数量和大小存在差异，东海岛屿数量最多，约占全国海岛总数的 60%，如崇明岛、厦门岛、东山岛、玉环岛等，其中浙江省海岛规模最多，集中分布在近海海域，其数量达到 3000 多个；南海海岛总量在四大海域中排名第二，约占全国海岛总数的 30%，大部分位于陆地附近，包括海南岛、南澳岛、大濠岛等；黄海海岛数量排名第三，约有 500 多个，多为面积小于 30 平方公里的小岛，以群岛的形式散落在黄海北部、中部和渤海海峡，如长山群岛；渤海海岛数量最少，且海岛面积较小，多分布在河口、丘陵、山地等区域，如庙岛群岛。

　　气候天象景观。气候天象景观类旅游资源包括自然气象奇观、避暑气候地和避寒气候地资源。沿海地区自然气象奇观主要有海市蜃楼景观、海上日出日落、海发光现象等。海市蜃楼是指在微风、无风、晴朗的天气条件下，光在空气中的折射与全反射作用所形成的一种光现象，这种现象形成的景观好似临空楼阁，具有神秘色彩。海上日出日落现象与海域景观形成美丽的画面，海上观日活动受到众多游客的

---

　　① 宋延巍：《海岛生态系统健康评价方法及应用》，博士学位论文，中国海洋大学，2006 年。

喜爱。如浙江普陀山朝阳洞，就是观看日出的一处佳地，吸引了大量游客。海发光现象是海洋生物本身发光而形成的一种海发光景观，包括闪光型、火花型、弥漫型，其中闪光型发光现象主要在福建、广东、海南、广西等地出现；火花型发光现象在我国沿海地区出现频率最高；弥漫型发光现象发生频率较少，仅在福建、广东等地出现。避暑避寒地主要是指位于热带/亚热带、气候冬暖夏凉的旅游目的地。这些区域的气候冬暖夏凉，适宜人们开展度假、旅游等休闲活动，如海南三亚是我国著名的避寒胜地、承德避暑山庄则是我国有名的避暑胜地，受到国内外旅游者青睐。

生物景观。生物景观资源主要有树木和野生动物栖息地两大类，如湿地、红树林、椰林、槟榔树、棕榈树、水生动物或鸟类栖息地（如海域、鸟岛、沙滩）等，景观独特，观赏性较强。我国建有专门的海洋类型自然保护区，2014 年我国国家级海洋类型自然保护区的数量达到 32 个，地方级海洋自然保护区为 115 个，它们均是我国重要的海洋旅游资源。绿地资源是区域公共空间系统的各种绿地，包括居住区绿地、公共绿地、风景林地、防护绿地等，具有观赏、绿化、调节气候、净化环境等功能。旅游业越发达的地区，区域绿地资源规模越大。我国沿海地区人均绿地面积达到 25.64m²/人，其中广东、上海、江苏、辽宁的人均绿地面积高于沿海平均水平（见表 3 - 5），得益于这些区域重视开发或保护绿地资源，将绿化景观与旅游景点充分融合，为旅游业发展提供了有利的环境支撑。

表 3 - 5　**2015 年我国沿海地区绿地资源和湿地资源统计数据**

地区	天津	河北	辽宁	上海	江苏	浙江	福建	山东	广东	广西	海南	沿海
人均绿地面积（m²/人）	18.36	10.96	28.34	52.73	34.36	24.92	16.79	21.68	40.41	17.18	16.34	25.64
湿地面积占区域面积（%）	23.94	5.04	9.42	73.27	27.51	10.91	7.18	11.07	9.76	3.2	9.14	17.31

数据来源：《中国统计年鉴 2016》《中国海洋统计年鉴 2016》。

湿地被誉为"地球之肾"，在河流、沼泽地、湖泊、泥炭地、海滩与盐沼等区域形成的自然湿地，以及人工打造的湿地景观，均蕴藏着多样化的动植物资源，是动物群落理想的栖息地，具有物质生产、调节气候、净化环境、科研考察等功能，观赏价值较高，是珍贵的旅游景观。我国湿地资源较为丰富，湿地面积在亚洲排名第一，在世界排名第四。沿海地区湿地资源丰富，2015 年湿地面积达到 1246.6 万公顷，占全国总量的 23.26%，沿海地区湿地面积占辖区面积的 17.31%。其中上海、江苏、天津的湿地面积比例高于沿海地区平均水平，表明区域湿地生态系统承载能力相对较好，需要进一步科学开发湿地资源，与旅游业相结合，挖掘湿地景观价值，其他地区则需要加大湿地资源保护力度，维护湿地生态系统平衡。

（2）人文旅游资源

人文旅游资源是指直接或间接地由人为因素而形成的旅游资源，如历史遗址遗迹资源、现代人造旅游资源和非物质文化资源，这些资源蕴涵着浓厚的历史文化，是旅游者感受、体验海洋文化、开展文化旅游活动的基础资源。

历史遗址遗迹资源。人类历史发展演化过程中留下的遗址遗迹承载着人类文明活动的痕迹，代表了各地独有的历史文化遗存，包括人类文化遗址、军事防御体系遗址、古城与古城遗址、名人故居/陵墓/石刻等历史遗迹，古代宗教建筑群、古代园林、亭台楼阁建筑、桥梁建筑、近代欧式建筑等建筑景观，革命纪念地和历史纪念地等资源，具有重要的历史、文化、科学、教育价值。

现代人造旅游资源。现代人造旅游资源是文化旅游的重要组成部分，工业/农业等产业旅游地景观，科学教育展览馆/博物馆，跨海大桥等水利建筑，货运船/载客船/军舰/邮轮/帆船等船体景观，现代观光/休闲主题公园、购物娱乐街区、土特产/工艺美术品等人造景观具有娱乐性、观光性和休闲价值。

非物质文化资源。非物质文化资源是指不以具体物质形态存在的人文旅游资源，包括婚丧嫁娶、饮食起居等地方风俗与民间礼仪、文学作品、节庆活动、传统技艺、民俗风情和民间传说等。

2. 沿海地区旅游资源丰富程度较高

旅游资源丰富程度即旅游资源丰度反映旅游资源在数量规模上的承载能力，常用旅游资源的相对密度与绝对数量高低来衡量，包括旅游资源相对丰度与绝对丰度。这里采用主要景区景点的人均资源密度与地均资源密度的平均值来表示旅游资源消除人口和面积因素影响的相对丰度；采用主要景区景点个数的加和来代表旅游资源的绝对丰度，反映区域旅游资源的整体实力；地均旅游资源密度为旅游资源绝对丰度与区域面积之比，人均旅游资源密度为旅游资源绝对丰度与区域人口之比，表征区域旅游资源的分布密度。

我国沿海地区非常重视旅游资源开发，形成了多种品牌旅游景区景点，主要包括国家 5A/4A 级景区、国家级风景名胜区、国家森林公园、国家自然保护区、国家水利风景区、国家地质公园、中国历史文化名城/名镇/名村、全国重点文物保护单位。截至 2017 年 3 月，我国沿海地区旅游资源较为丰富，总量达到 3253 处，在全国占有先导地位，主要旅游景区景点总数占全国的 34.2%。从各类型旅游资源占全国比重来看，中国历史文化名城/名镇/名村 389 处，占全国总量的比重最大，达到 43.8%，国家 5A 级旅游景区（点）100 家，占全国总量的 40.5%，国家级水利风景区 259 处，占全国总量的 36%，国家 4A 级旅游景区 487 家，占全国总量的 34.5%，国家级风景名胜区 84 处，占全国总量的 34.3%，全国重点文物保护单位 1423 处，占全国总量的 32.4%，国家级森林公园 249 处，占全国总量的 30.1%，国家级自然保护区 118 处，占全国总量的 27.6%。相对而言，沿海地区旅游资源开发文化特性更加突出，综合型和历史文化型旅游景区开发程度较高，自然观光型旅游景区开发规模较大。

从区域绝对丰度来看，半数沿海省份的旅游资源绝对丰度超过沿海地区平均值（见表 3-6），其中山东、浙江、江苏、河北四省的旅游资源绝对丰度最高，均超过 400，福建、广东的旅游资源绝对丰度在 [300，400] 范围内，高于沿海地区平均值。天津、上海、海南、广西和辽宁的旅游资源绝对丰度较低，均低于沿海平均值。旅游资源丰度也应该消除人口和面积因素的影响，计算区域旅游资源相对丰度，才能够客观反映旅游资源的开发状况。结果表明，浙江、福建、海南、辽宁、江苏的旅游资源相对丰度较高，其数值均超过 306，且高于沿海地区平均水平，表明区域旅游资源平均占有量较高，开发空间较大，其他地区旅游资源平均占有量低于沿海地区整体水平，表明区域旅游资源开发密度有待提高。

表 3 - 6　我国沿海地区旅游资源绝对丰度和相对丰度

地区	旅游资源绝对丰度（个）	旅游资源相对丰度		
		地均旅游资源密度（个/万平方公里）	人均旅游资源密度（个/亿人）	旅游资源相对丰度
天津	60	50.3482	387.8474	219.0978
河北	437	23.2827	588.5522	305.9174
辽宁	282	19.0541	643.5418	331.2979
上海	67	105.6616	277.4327	191.5471
江苏	482	46.9786	604.3129	325.6457
浙江	493	48.4283	890.0524	469.2403
福建	340	27.4194	885.6473	456.5333
山东	498	31.6943	505.7378	268.7160
广东	314	17.4626	289.4276	153.4451
广西	204	8.5859	425.3545	216.9702
海南	76	21.4969	834.2481	427.8725
沿海平均值	296	36.4011	575.6504	306.0258

注：面积和人口数据来自于《中国区域经济统计年鉴 2017》。

3. 沿海地区旅游资源地理集聚现象显著

沿海地区地域范围较广，旅游资源的空间格局因纬度、地理环境、开发理念等要素不同而形成集聚或者分散状态。旅游资源集聚程度越高，越有利于资源共享和提高资源利用效益，具备更强的承载能力和发展潜力。旅游地理集中度指数是定量测度不同地区的旅游资源空间分布状态的重要指标，具体计算公式如下：

$$Y_j = 100 \times \sqrt{\sum_{i=1}^{16} \left(\frac{x_{ij}}{X_i}\right)^2} \qquad (3-1)$$

其中，Y_j 为 j 地区的旅游资源地理集中度，x_{ij} 代表 j 地区第 i 种资源数量，X_i 代表沿海地区 i 类旅游资源总量。

表 3 - 7　2016 年沿海地区旅游资源地理集中度和效度

地区	地理集中度	资源效度
天津	6.0687	0.3702
河北	37.5166	1.7772
辽宁	29.9850	1.2634
上海	11.1975	0.3320
江苏	54.4992	0.8889
浙江	57.3052	1.1531
福建	48.5699	1.6355
山东	58.3357	1.1738
广东	41.8766	0.5142
广西	30.6864	1.1866
海南	13.0929	2.1405
沿海地区	35.3758	1.1305

根据表 3 - 7 的计算结果表明山东省、浙江省、江苏省、福建省、广东省、河北省的旅游资源地理集中度较高，均高于沿海平均水平，表明这些地区旅游资源集聚程度较高，资源的共享程度较高，同时，旅游资源集聚区往往是旅游者集聚区，意味着旅游资源的承载压力较大，需要予以重视。辽宁、广西、海南三个省份地域范围较广，旅游资源空间布局分散，上海、天津地域范围较小，旅游资源有限，因而地理集中度数值较小，承载能力有限。

4. 沿海地区旅游资源效度

纵观各地区旅游资源发展现状，许多具有旅游资源优势的地区，其旅游经济实力却相对较弱，旅游资源开发与旅游经济发展呈现非均衡发展。这里运用旅游资源效度来衡量旅游资源与旅游收入之间的均衡性，具体公式为：

$$C_j = X_j/T_j \tag{3-2}$$

其中，C_j 代表旅游资源效度，X_j 代表 j 地区旅游资源数量与沿海地区旅游资源总量的比重，T_j 代表 j 地区旅游收入在沿海地区旅游总收入的比重，当 $C < 1$，表示旅游资源效度较低，旅游资源优势未得到有效发挥；当 $C = 1$，表示旅游资源效度达到标准，当 $C > 1$，表示效度较高，旅游资源优势得到较好发挥。

结果表明（见表 3-7），我国沿海地区平均旅游资源效度大于 1，总体而言，旅游资源优势得到较好发挥，各地区之间旅游资源效度发挥力度不一，其中海南、河北、福建、辽宁、广西、山东、浙江的旅游资源效度均大于 1，并高于沿海地区平均水平，表明旅游资源效益较好地转化为旅游经济效益。江苏、广东、天津和上海的旅游效度低于沿海平均值，表明旅游资源开发压力较大，资源的经济效益发挥空间有限，仍需进一步挖掘新兴旅游资源和提高旅游资源利用效率。

（二）旅游产业发展分析

旅游业具有较强的综合效应，能够为旅游目的地带来经济收入，增加生产总值，带动就业，并拉动相关行业的发展，有助于调整产业结构。2016 年我国沿海 11 个省、直辖市、自治区（不包括港、澳、台）的旅游总收入总量创造了全国一半以上的旅游经济效益，分布着接近半数的旅游企业，区域间合作关系更加紧密。

旅游经济发展水平方面，沿海地区经济实力较强、基础设施条件完备、开放程度较高，旅游资源丰富，形成了休闲、度假、体验、医疗、游艇、温泉、娱乐等多元化旅游产品体系，旅游业作为区域主导产业或优势产业予以全面开发，旅游市场规模和效益日益提升，旅游产业与农业、林业等相关产业融合程度越来越深入，在区域中的经济地位和贡献程度愈加显著。2015 年，我国沿海地区林业旅游收入总值达到 3148 亿元，占全国林业旅游收入的比例为

46.58%，林业旅游接待游客规模为 9.7 亿人次，占全国林业游客总量的 42.2%。

滨海旅游产业地位逐渐提升。旅游产业具有高关联性和强带动性，能够直接带动交通、通信、建筑、餐饮、商业、饭店、娱乐、农业等十多个产业的发展，这些行业纷纷采取新技术、新材料、新设备来开发新型产品或提升服务水平，在一定程度上促进了产业结构调整。特别是对于海洋产业而言，滨海旅游业快速发展，其占比达到 42.1%，并与海洋渔业、港口、海上交通等传统产业相融合，开发休闲渔业、港口旅游、游艇旅游，是拓展或替代传统海洋产业的重要方式和途径，逐渐成为沿海地区海洋产业的主导产业（见图 3 - 2）。

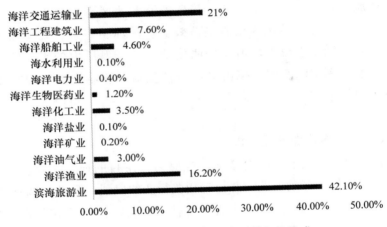

图 3 - 2　2016 年主要海洋产业增加值构成

数据来源：《2016 年中国海洋经济统计公报》。

入境旅游市场大小反映旅游产业结构的合理化水平，同时也反映旅游业的创汇能力，一般而言，旅游经济越发达的地区，入境旅游市场份额越大。沿海地区凭借其国际旅游知名度、较好的旅游基础设施和特色海洋旅游资源，吸引了大量入境游客前来旅游，2015 年我国沿海地区入境旅游外汇收入达到 501.2 亿美元，占入境旅游外汇收入总量的 69.95%，市场份额较大。同时，旅游业是劳动密集型服务行业，亟须大量人力资源，不仅增加当地旅游业的就业岗位和间接就业岗位，而且还会增加相关产业的就业率，缓解了区域的就业问题。

旅游企业规模不断扩大，旅游企业经营理念、服务水平、营业效益和接待能力在全国处于领先地位。2013年，旅游企业数量达到19631个，旅游企业固定资产投资、营业收入分别为3714.8亿元、3678.1亿元。旅游企业接待能力存在区域差异，山东、浙江、江苏、广东、河北、上海、辽宁的旅游企业数量相对较多，旅游企业投资额度较大，旅游企业营业收入较高，可见这些地区的旅游企业接待能力在沿海甚至是全国具有优势地位，在增加承载能力的同时承载压力也随之增大。

区域旅游合作与竞争方面，旅游产业的发展促使人流、物流、商流的聚集，旅游产业要素集聚效应显著，产业融合更加紧密。旅游产业发展促使区域内各旅游城市历经孤立发展、集聚发展、互动发展、一体化发展的变化过程，已经形成山东半岛城市群、泛珠三角城市群等多个旅游城市群，渤海湾、长江三角洲、海峡西岸等旅游带，以及泛珠三角、长三角和环渤海旅游区等无障碍旅游区，积极建设海南国际旅游岛、广西桂林旅游综合改革试验区、海峡西岸旅游区等。沿海地区充分利用其区位优势、资源基础、客源市场、经济条件和自然环境，实现互惠互利、共享共赢，加强区域内外部合作，因地制宜地发展旅游，在解决就业问题、提高居民生活水平、改善区域环境、增强经济贡献方面起到重要作用，同时，带动了周边地区旅游业及相关产业的发展，是我国旅游产业的重要增长地带。但与此同时，沿海地区内部各省、市、自治区因其旅游资源、地理位置和基础设施条件等方面的差异，区域间旅游经济存在较大差异，旅游产品同质化现象严重，相互之间竞争激烈，区域旅游发展呈现出合作与竞争并存的双重局面。

（三）旅游产品开发

我国沿海各省、直辖市、自治区依托丰富的旅游资源，开发多种类型的滨海旅游产品，滨海旅游产品体系日益完善，从最初的海滨沙滩玩耍，海滨风光观赏活动，然后向大海延伸，开展海上乘帆冲浪、游艇体验活动，并逐步迈向海底，不断探索深海秘密。目前，我国滨海旅游产品不仅包含传统的观光型旅游产品，还有以疗养度假、海滨浴场、康体健身、餐饮美食、娱乐休闲为代表的休闲度假，以海上游乐、海底潜水、深海探险为特色的涉海运动，以海洋宗教朝拜、海洋科学考察、海洋爱国主义教育基地、海洋影视文艺作品、渔家乐、滨海美食等为代表的滨海文化体验，以海洋主题公园、海洋节庆、海洋体育赛事等为特点的滨海主题活动，以海洋影视基地、跨海大桥、大型海湾、海底隧道观光等为代表的新兴滨海旅游产品①。此外，还有以大型会展、博览会等为依托的商务会展旅游产品，以海洋历史文化与民俗为依托的民俗节庆旅游产品等。下面具体从空间角度对滨海旅游、海岛旅游、海上旅游、海底旅游四大类产品进行详细阐述。

1. 旅游产品类型

（1）滨海旅游产品

滨海旅游是沿海地区旅游产业的重要组成部分，亦是海洋产业的重要构成，其含义有广义和狭义之分。广义的滨海旅游是指在滨海、海上、海底、海岛区域依托旅游资源和旅游基础设施而开展的各种旅游活动。本书特指狭义的滨海旅游，认为滨海是发生在海滨浴场、海滩、沿海渔村和城镇等近海陆地区域的旅游、休闲以及游憩活动。近年来，位于我国渤海海域的秦皇岛与北戴河，黄海海域的连云港、青岛、烟台、大连，东海海域的普陀山、厦门，南海海域的深圳、北海和三亚等沿海城市，拥有广阔的海洋资源，积极开发海洋民俗文化体验、休闲渔业、海洋民俗节庆、海洋观光休闲、疗养度假等旅游产品，滨海旅游产业发展迅速，成为我国海洋产业的重要组成部分，在我国沿海地区经济发展过程中发挥日益重要的作用②。

---

① 周国忠、张春丽：《我国海洋旅游发展的回顾与展望》，《经济地理》2005 年第 5 期。

② 张广海、王佳：《我国海洋旅游资源发展实践及其理论研究》，《资源开发与市场》2013 年第 11 期。

（2）海岛旅游产品

海岛是我国重要的海洋资源，具有较高的经济价值、环境价值，更是一种受大众青睐的专项旅游产品。我国海岛类型多样，风貌形态各异，拥有丰富的旅游资源，如四季常春的海南岛、险峻奇特的蛇岛、幻景迭出的庙岛群岛、峰峦重叠的万山群岛、千姿百态的火山岛、风光旖旎的珊瑚岛、山川秀丽的大陆岛、俊秀多姿的台湾岛、奇石嶙峋的长山群岛、海上仙山——舟山群岛、海中田园——冲积岛等。我国海岛开发始于20世纪70年代末，海南岛的"国际旅游岛"发展战略、浙江省普陀岛/舟山群岛的观光旅游、上海市横沙岛的度假旅游以及我国滨海小型岛屿的旅游开发建设，海岛的旅游吸引力逐渐增强，成为最受旅游者欢迎的旅游目的地之一①。

（3）海上旅游产品

随着沿海地区旅游业的深入开发，以及现代科技的不断进步，邮轮旅游项目，海上冲浪、帆船运动、滑水等体验性强、参与性高的海洋体育旅游项目，以及海上垂钓、海上游船观光、游艇休闲等海上休闲旅游项目逐渐受到旅游者的青睐，成为沿海地区旅游产品开发的热点。2012年泉州市政协委员在两会上提交《关于大力发展泉州海上旅游市场的建议》，提出制定海上旅游产业发展规划、成立海上旅游船队、扶植帆船和海洋文化产业、培育海上旅游产业集群、并加快建设海上旅游基础设施等建议，以期优化配置旅游资源，大力开拓海上旅游市场。2016年，青岛市作为"世界帆船之都"，海洋旅游资源丰富，积极开拓海上旅游市场，为保障海上交通，规范海上旅游项目建设，青岛市努力推进《青岛市海上交通（客运）专项规划》编制，以便为游客创建更安全的海上旅游环境。

另外，邮轮旅游产业成为世界上较有活力的产业之一，对于拉动城市经济发展有着至关重要的作用。我国邮轮旅游需求逐步增长，邮轮旅游产品开发日趋成熟。自20世纪90年代以来，我国沿海拥有三

---

① 刘家明：《国内外海岛旅游开发研究》，《华中师范大学学报》（自然科学版）2000年第3期。

个邮轮港口群，包括（台湾）海峡两岸邮轮港口群（围绕台湾岛与海峡西岸所形成的）、东南亚邮轮港口群（围绕珠三角与环北部湾所形成的）、东北亚邮轮港口群（围绕长三角与环渤海湾所形成的）①。同时中日韩航线、港台航线和东南航线等国际航线迅速发展起来。国内许多沿海城市积极开发邮轮旅游，如海南三亚的"国际旅游自由港"建设、广州"邮轮城"建设，以及深圳、珠海、宁波、青岛、威海、秦皇岛等沿海城市相继建立或规划港口码头。

（4）海底旅游产品

海洋海底世界始终散发出神秘的感觉，引发人们前往探险、考察和体验等。海底旅游是指乘坐观光潜水器（海底游览船）前往海底来观赏海洋深处的自然生态景观、海底遗址遗迹、珍奇鱼类等活动。我国沿海城市充分利用其海底资源优势、便利的基础设施和先进的技术条件，建设海底隧道，开发海底世界、潜艇观光、海底潜水体验、海底体育项目、人工渔礁和海洋牧场观光等海底旅游产品，如海南充分利用其得天独厚的潜水条件，在西沙群岛、大东海、亚龙湾、石梅湾、铜鼓岭海滨等海域建设潜水点，开发潜艇观光、半潜观光、水肺潜水和浮潜等项目，大连、青岛、杭州、天津、北京、南京等地建造的"海底世界"旅游项目②。

2. 旅游产品特征

我国沿海地区旅游产品开发模式日趋成熟，逐渐形成了多样化、个性化和品牌化旅游产品体系，促进了区域海洋旅游产品竞争力的提升。具体来说，沿海地区旅游产品的特征主要有：

（1）注重品牌化发展

我国沿海地区旅游产品开发逐渐从单一型传统开发模式向国际化、品牌化旅游产品开发模式转变，旅游产品竞争力不断提升。2009年12月国务院发布的《国务院关于推进海南国际旅游岛建设的若干

---

① 马浣：《上海打造邮轮母港的 SWOT 分析》，《对外经贸》2011 年第 4 期。

② 蔡勤禹、魏德志、霍春涛：《近年来我国海洋旅游变迁述论》，《海洋科学》2010年第 11 期。

意见》中提出"将海南建设成为国际一流的海岛休闲度假旅游胜地、国际经济合作与文化交流平台、国家旅游产业改革创新试验区、南海资源开发与服务基地"的战略目标，这标志着海南国际旅游岛建设上升为国家战略①。海南国际旅游岛建设将产生一系列带动作用，促进了各滨海区域利用自然人文条件，创新国际化旅游产品，打造国际旅游品牌。另外，湛江也提出打造国家级海洋旅游休闲目的地的口号，深圳大鹏新区加快建设世界级滨海生态旅游度假区，积极培育国际海洋旅游城市品牌。我国滨海地区充分利用区域特色资源，积极进行旅游产品重组与创新，不断拓展国际旅游市场，推动旅游产业升级，提升旅游产业竞争力。

（2）海洋文化特征更加突出

人类在海洋区域范围内进行居住、生产、生活、旅游、冒险等活动过程中，会形成社会文明、思想意识、行为方式、价值观念等物质成果和精神成果，即海洋文化。海洋文化具有神秘性、独特性、开放性等特征，吸引着众多旅游者前来旅游，是重要的旅游吸引物。随着海洋旅游需求层次和开发强度的不断提高，我国依托海洋民俗文化、海洋历史文化、海洋建筑文化、海洋宗教文化、海洋产业文化（渔业、盐业和农业）、海洋体育文化等海洋文化资源，积极开展海洋文化旅游活动，并将其融入整个海洋旅游产业当中，丰富海洋旅游文化内涵，有利于提高我国沿海地区海洋旅游产业的国际竞争力，推进建设海洋强国和社会主义文化强国目标的实现。

可见，我国沿海地区旅游产品开发取得了显著成效，但同时存在产品雷同、主题不鲜明、文化内涵挖掘不够、科技利用程度低、生态旅游开发不足、产品国际化竞争力不高以及产品布局和产品组合不尽合理等问题，应在未来旅游产品开发中得到改善。

（四）旅游信息化建设

旅游信息化是指利用信息技术，优化旅游信息资源配置，为游客

---

① 李瑞、黄慧玲：《我国滨海旅游发展现状特征与趋势分析》，《宁波大学学报》（人文科学版）2011 年第 6 期。

体验、旅游企业经营、旅游资源整合、旅游行政管理提供各类信息化
服务，具体形式包括旅游网站、数字化管理平台、旅游呼叫系统和信
息化支撑系统等。旅游信息化建设水平、服务质量和管理运营能力关
系到区域旅游服务承载能力。随着信息化技术在旅游领域的运用，以
及旅游体验、个性化、智能化需求的增长，我国旅游信息化历经专业
化阶段（建设景区网站和数据库，提供专题综合服务）和数字化阶
段（构建区域空间数据信息集成系统，实现数据集成管理、共享和服
务功能），目前已经进入智能化阶段，形成了一种面向游客、旅游企
业和主管部门的新型旅游信息化形式，即智慧旅游。智慧旅游作为新
时期旅游信息化建设的创新模式，在北京、天津、大连、镇江、南
京、成都、温州、苏州、无锡、福建、海南、广西等地全面建设与发
展，其中沿海地区智慧旅游规划设计、技术开发水平和产品创新程度
在全国处于领先水平。2009 年 6 月我国打造了第一家智慧酒店——杭
州黄龙饭店，能够为顾客提供无线无纸化入住/退房系统、智慧客房
导航系统、互动服务电视系统和一键拨号等智能化服务，提升了沿海
地区酒店的旅游信息化水平。近年来，我国越来越重视智慧旅游，各
地区纷纷开展智慧旅游发展规划编制工作。浙江省、福建省、广西壮
族自治区、上海市等沿海省区市也积极开展智慧旅游相关工作（见表
3－8），在智慧旅游技术建设、合作联盟、工程项目设计、规划试点、
信息化服务等方面具有独特性，能够为政府管理与决策、旅游企业信
息资源整合与共享、游客体验提供高效支撑，有利于实现旅游行业管
理和监督、旅游公共服务以及旅游企业经营活动的信息化与现代化，
推进沿海地区旅游产业结构的优化升级。

表 3－8　我国沿海地区智慧旅游发展进程

地区	规划与成果
江苏	江苏省、南京市、苏州市、无锡市、扬州市编制智慧旅游相关规划；南京市、常州市、苏州市、无锡市、扬州市、镇江市和南通市 7 个试点城市达成"智慧旅游联盟"；镇江市建设"国家智慧旅游服务中心"；南京市已经建设智慧旅游中央管理平台、旅游资源数据库及 GIS 数据库

续表

地区	规划与成果
浙江	制定《浙江省智慧旅游建设工作方案》，积极建设主导型、示范型与引导型项目；象山为游客设立智慧旅游体验区，初步建设手机 WAP 网站平台、ITRAV-ELS 手机导航平台、呼叫中心与咨询中心平台、电子商务平台、旅游信息数据库、旅游电子触摸屏平台；宁波打造了"虚拟旅游社区"，并配备旅游公众查询系统终端设备
福建	制定"三个一"工程计划；确定武夷山主景区、鼓浪屿和福州三坊七巷作为智能旅游示范景区试点单位；建设完成并运营海峡旅游网上超市、呼叫中心平台、鼓浪屿网络票务系统、"智游鼓浪屿"手机客户端，发行海峡旅游银行卡
上海	注重构建智慧型的旅游公共服务体系；开发旅游气象智能终端系统；2012 年 4 月 9 家旅行社试点电子旅游合同；手机导游 iTravels 上线
广东	制定"智慧佛山"规划；2012 年运营自驾旅游公众服务平台，并在华南植物园启用"景区智慧旅游快速服务通道"
山东	制定 863 旅游信息化项目计划，已经完成 1 项，即《基于高可信网络的数字旅游服务系统开发及示范》；建设 100 家"智慧旅游信息化示范企业"；加快日照旅游信息化建设
天津	启动"1369"工程；完成《天津市智慧旅游总体规划》的编制工作；构建"旅游地理信息系统公共服务平台"；在重点酒店、旅游景区等地布设 1500 台终端设备；积极打造智慧景区与旅游综合数据中心

　　注：根据网站 http://www.kchance.com/LandingPage/wisdom/wisdom3.asp 整理。

（五）旅游发展政策

　　旅游发展政策是指国家或地方以促进旅游产业发展为目标，制定或颁布的一系列法律法规、方针政策、规章制度等，是区域促进旅游发展的重要手段，也是区域组织、管理旅游业的政策依据与准则。我国越来越重视旅游发展政策的作用，制定了国家层面、地方层面的相关政策法规，努力将旅游业纳入规范化、法制化的轨道，提升旅游法制管理水平。沿海大部分地区将旅游产业作为主导产业或支柱产业重点发展，旅游产业发展政策的制定与贯彻实施对于区域旅游发展显得尤为重要。《中国旅游业"十三五"发展规划纲要》中提出应"发展全域化，大力发展海洋及滨水旅游"、打造"南海海洋文化旅游区、北部湾海洋文化旅游区"和"海上丝绸之路旅游带"的发展要求，对沿海地区旅游发展进程、产品开发、服务质量、管理水平提出了更高要求。

为了促进旅游业法制化管理、规范旅游市场秩序，我国从1982年开始筹措《中华人民共和国旅游法》的编制工作，2009年12月此项工作全面启动，而后历经2010年1月31日至2月2日召开的全体会议、2010年5月18日召开的专家论证会、2011年2月15日召开的立法专家座谈会，于2013年4月25日在第十二届全国人大常委会第二次会议中、经中华人民共和国主席令第三号文件正式公布，自2013年10月1日起施行。在旅游法的编制、发布过程中，上海、广东、杭州、三亚等作为重点省市就旅游综合协调机制、法律修订、执行监管机制等方面内容进行了广泛学习、讨论和交流，这些地区也将是我国贯彻实施旅游法的前沿地区。之后，国家出台了《国务院关于促进旅游业改革发展的若干意见》（国发〔2014〕31号）等文件，为旅游有序开发与利用提供了法律政策保障。

近年来，旅游标准体系建设与管理是将旅游业纳入标准化、规范化轨道的重要举措，2009年我国国家旅游局制定并颁布《全国旅游标准化发展规划》（2009—2015），构建了包含国家、行业和地方标准三大类别，旅游业基础系统标准体系、要素系统标准体系、支持系统标准体系与工作标准体系四大体系的旅游标准化理论框架。2010年3月，旅游标准化在全国范围内展开试点工作，目前已经公布了两批试点单位，包括1个试点省、40个试点城市（区、县）和87个企业事业单位，其中沿海地区旅游标准化试点单位包括17个试点城市（区、县）和32个试点企事业单位，分别占全国总量的42.5%、36.78%，可见沿海地区是我国旅游标准化先行区，特别是浙江、江苏、上海、山东以可持续发展思想为指导，以提高承载力为目标，加强旅游标准化建设、实施和评估工作，旅游标准化建设成果显著，在全国起到模范作用。

为适应海岛旅游开发的需要，我国颁布了海岛旅游发展政策。2010年1月国务院发布了《国务院关于推进海南国际旅游岛建设发展的若干意见》，将建设海南国际旅游岛作为国家战略给予高度重视，努力建设世界一流海岛休闲度假旅游胜地。2010年4月我国公布了首批 176 个可开发利用的无居民海岛名录，这些无居民海岛也成为我国沿海地区海岛旅游发展的重要资源。另外，为满足我国不断增强的休闲旅游需求，规范休闲旅游开发特别是滨海休闲旅游开发，2013年 2 月国务院正式发布《国民旅游休闲纲要（2013—2020 年）》，沿海地区作为全国重要休闲旅游目的地，应抓住全面休闲旅游发展机遇，以健康、文明、环保的休闲理念，结合 2013 年"海洋旅游主题年"，合理开发海洋、滨海、海岛等旅游资源，积极开展旅游休闲环境优化、基础设施完善、休闲产品开发、休闲公共服务提升（特别是披露旅游休闲服务信息、警示休闲旅游目的地安全风险信息）、滨海度假区建设等工作，努力扩大滨海休闲旅游消费、缓解景区超载压力、提高旅游企业运营效率、降低旅游成本、健全旅游安全救援服务体系。

从地方上来看，沿海各地区非常重视贯彻落实国家层面、区域层面的旅游法律法规和规划标准，并积极颁布地方性发展政策。为了维护地区形象，解决旅游市场中错综复杂的关系，1996 年海南省通过了《海南省旅游管理条例》，是全国首部地方性旅游法规，之后，多个省市陆续出台地方法规，将旅游管理纳入法制管理的轨道。海南、山东、上海等沿海地区颁布了多项旅游业管理条例或规章制度，如《山东省旅游商品"六真店"管理办法》《上海国民休闲旅游发展纲要》等。

综上所述，我国沿海地区旅游资源基础较好，旅游经济效益较高，旅游产业结构不断优化，旅游产品体系逐渐完善，信息化水平和服务持续提升，国内外旅游市场影响力与知名度日益扩大。但同时沿海地区仍然存在产品同质化[1]、部分地区旅游环境超载现象，旅游资源保护力度不足，区域旅游环境遭受严重破坏，亟须受到关注和深入研究。

---

[1]　魏磊：《青岛市滨海旅游资源开发现状与对策》，《山东商业职业技术学院学报》2005 年第 4 期。

三　沿海地区旅游业的环境影响

　　旅游是对经济、文化、社会等现象的集中反映，这种特征使得旅游业的发展过程中必然会对旅游地环境、经济、社会等方面造成积极、消极影响。旅游影响又可称为旅游效应（tourist impact），是指因旅游活动而引发的对旅游活动主体、客体及其他相关利益者的各种利害作用，是旅游产业发展不容忽视的问题，旅游影响的评价是推动旅游业健康发展的重要参考。旅游影响具有多种分类方法，按内容结构可划分为经济影响（是指由于旅游活动引发的经济活动和经济事项，包括经济贡献、就业、居民收入、税收、外汇、扶贫等）、环境影响（研究对象是旅游活动引起的对旅游地环境要素的影响，如土壤、植被、水、动物、地质地貌、大气等）和社会文化影响（研究对象是游客和旅游目的地之间的关系问题，涉及旅游目的地和客源地人口两大群体，以及两种文化之间的对应关系，如家庭、价值观念、语言、音乐、艺术、民俗、节庆、治安等）；按旅游影响社会价值的属性可划分为正面影响与负面影响；按产生的时间划分为即时影响和滞后影响；按产生的来源划分为旅游产业活动的影响与旅游者活动的影响；按表现形式分为显性影响与隐性影响；按发生的对象划分对旅游目的地的影响（包括自然环境、人为环境、经济环境和文化环境等），对当地居民的影响（包括生活方式、态度、价值观），以及对区域政治的影响（包括社区发展、扶贫等）；按照旅游影响发生的空间尺度分为国际旅游影响、国家旅游影响、区域旅游影响、地区旅游影响和地方旅游影响。

　　旅游业发展在一定程度上促进了区域完善基础设施、提高居民人均收入、改善人居环境、加强历史遗址遗迹保护、增强环境保护意识等。如沿海地区相关部门投入资金对旅游资源加以保护，积极打造国家级海洋自然保护区、国家级历史文化名城、国家级风景名胜区等，保护濒危物种，以防止当地特色资源和海洋历史文化资源的退化或消失；在旅游业发展规划、旅游业"十三五"规划、海洋功能区划中提出资源保护、可持续发展和海洋环境保护战略，颁布相关政策措施来规范旅游开发行为，保护与改善地质地貌、大气、水体及噪声等生态环境，注重保护社区居民利益。但是，旅游系统的"食、住、行、游、购、娱"六大产业要素，通过不同游客、旅游开发商、旅游经营管理者等旅游主体的建设、发展、运行和管理行为，将会作用于区域生态环境、资源环境、经济环境和社会环境，改变原有植被、河流或者湖泊情景，开采挖掘、兴修土木，改变地表结构，破坏动植物赖以生存的生态环境。各大产业运营过程、游客的旅游过程中，势必会产生固体废弃物、废水和废气污染物。不良的开发行为、不当的旅游行为将会对生态系统产生直接或间接作用，如旅游发展造成景观不协调、建筑物垃圾和废水随意向海里倾倒、乱占农业及自然植被用地、游客乱扔垃圾、一次性餐具的使用、游船溢油事件等，对区域环境造成了诸多负面影响，旅游环境问题依然严峻，下面将针对沿海地区围绕旅游产业六大要素的发展过程，综合分析不当旅游行为对土地环境、水环境、生物环境、大气环境和社会环境所造成的负面影响。

（一）旅游对土地环境的影响

住宿饭店、旅游餐馆、旅游度假区、旅游景区、旅游购物街区、旅游公共娱乐场所等旅游设施，以及机场、码头、港口、车站、停车场、道路、厕所等公共基础设施均是旅游业得以正常发展的物质载体，这些设施的工程建设需要占用一定的土地资源，并在这片土地上开展各种开采挖掘、兴修土木作业。近年来随着滨海旅游业的快速发展，特别是"海南国际旅游岛"建设作为国家战略予以重点发展以来，我国沿海地区滨海度假区、滨海公园、游艇码头、高尔夫球场、滨海大道等旅游项目开发强度加大，旅游开发商以盈利为目的，不断占用森林土地、耕地、滨海用地，在近海岸建设各类建筑物，直接影响海陆循环系统，阻挡海沙的自然移动，最终可能导致海岸线被侵蚀。如我国三亚市在建设三亚湾滨海大道、旅游度假区的过程中，占用了大量基岩、珊瑚礁、红树林、海草等海岸生态景观地，造成该区域海岸线受到严重侵蚀。随着旅游业向海洋的不断延伸，海上旅游开发日益加剧，围海造陆开发建设力度加大，更加剧了沿海土地资源破坏。1987—2009 年间嵊泗列岛通过围海造地扩大土地利用总面积，造成地表结构发生变化，建设用地、林地和未利用地呈增加趋势，而草地、滩涂、耕地、水域表现出逐年递减趋势[①]。另外，游客在旅行过程中会产生大量垃圾，部分游客环境保护意识薄弱，产生乱扔垃圾等不道德行为，造成大量白色污染物，也会侵蚀土地资源。如 2012 年"十一"黄金周过后，三亚海岸囤积了 50 吨垃圾，需 600 多人花费 2 个多小时才能清理完毕，中山风景区的垃圾日清理量超过了 60 吨，这些均给区域土地环境造成巨大压力。

（二）旅游对水体环境的影响

游船、游艇是河流、海上旅游活动的重要交通工具，它们的运行过程中必然会排放大量的污染物质，如垃圾、废气、废水、固体废物等，以及因意外事故造成的石油、化肥等有毒化学污染物[②]，这些均会对水体资源造成负面影响。另外，在沿海地区为旅游接待而修建的旅游饭店、餐馆、度假区等设施会产生大量工业废水污染物，旅游经营以及游客居住过程中会产生大量生活污水，这些废水大多缺乏排污处理，直接或间接地排入大海，造成水体富营养化和有机物污染等问题，导致海洋生态系统平衡受到威胁，在一定程度上加剧了海洋赤潮、浒苔等海洋灾害的发生，同时也降低了水体景观的游览价值。随着度假旅游活动的深入开发，各类水上运动项目和娱乐活动也给水域环境造成许多负面影响，而开展水上高尔夫球、垂钓、划船的水域所受到的污染远远高于开展景观观赏活动的水域所受到的污染。滨海游泳活动对 COD、BOD 和 TN 等水质化学性质影响最大，以水上摩托、自行车等器械运动为代表的动态性休闲活动相对容易引起 Tur（浊度）变化，海钓活动则会对 TP（总磷）的变化产生影响。

---

① 罗烨：《海岛旅游资源评价与旅游环境影响研究》，硕士学位论文，上海师范大学，2011 年。

② United States Environmental Protection Agency ［EB/OL］，Cruise Ship White Paper，19，http：//www. epa. gov/owow/oceans/cruise-ships/white-paper. pdf. 2000.

（三）旅游对生物环境的影响

不合理的旅游开发经营活动会对沿海地区植物覆盖率、动植物生长环境、动植物种群结构、动物习性等方面造成负面影响。品尝海鲜、购买特色海产品是游客前往滨海旅游目的地的重要活动，这也是滨海旅游目的地经营的重要旅游产品。然而有些旅游开发商力求盈利，肆意开采、过度捕捞或进行非法生物交易，严重破坏了水产生物资源，造成滨海生态环境失去平衡。特别是在海南、广东、上海等滨海旅游发达地区，旅游开发活动损坏了红树林生态系统和河口湾生态系统。游轮燃烧石油及其他碳氢化合物产生大量废弃物，对旅游地的动植物资源造成不利影响。游轮的起航、运行、抛锚停泊整个过程中，可能会损害珊瑚礁系统、海草系统。滨海城市和度假地开发、土地平整过程中所产生的污染物不合理排放，以及高尔夫球场养护过程中所施的肥料，将会造成海水富营养化，促使藻类以损害珊瑚虫为代价而大量繁殖，导致珊瑚虫窒息并最终死亡，严重威胁了珊瑚生态系统。滨海休闲渔业、休闲农业、海岛旅游、海底潜水、自驾车野营等旅游活动均需要依托区域独特的生物资源和旅游景观，经营管理者过度旅游开发、游客环境保护意识薄弱、肆意破坏或践踏植被、过度捕捞或猎杀生物，也是造成生物资源系统损耗。特别是对于海底潜水、探险项目而言，会对珊瑚礁造成直接影响，轻装潜水者和有氧潜水者对珊瑚虫的鳍的撞击足以导致它死亡。旅游者在低潮时期的礁石行走漫步活动，会对沿海地带的珊瑚礁造成破坏[①]。

（四）旅游对大气环境的影响

旅游业"食、住、行、游、购、娱"六大要素都直接或间接消耗能源，产生二氧化碳等有害气体，污染大气环境。首先，旅游住宿业、餐饮业用于供暖、供水和供能而设置的烟囱、锅炉、煤灶，以及

---

① Hall CM, *Introduction to tourism: development dimensions and issues*, South Melbourne: Addison Wesley Longman, 1998.

露天烧烤、露天晚会等旅游活动会产生二氧化硫、一氧化碳、二氧化碳和烟尘等物质。其次，旅游目的地的电瓶车、观光巴士、轮船等机动性旅游交通工具的运营和停靠，以及旅游者从旅游客源地前往旅游目的地所乘坐的火车、轮船、汽车、飞机等交通工具均会产生大量二氧化碳，导致旅游目的地的大气质量降低。再次，景区、饭店、购物街区和娱乐场所排放的固体垃圾有机物所占比例较高，如果得不到科学处理，则会产生病毒和细菌。据统计，2005 年以来，住宿业和旅游交通所排放的二氧化碳总量分别达到 284Mt 和 1192Mt，占全球温室气体排放量的 5% 。最后，沿海地区旅游业聚集了大量人流、物流和商务流，滨海游船游艇、旅游大巴等旅游交通设施、滨海度假酒店等住宿设施、滨海烧烤野营等旅游活动均会产生大量有害气体，导致大气环境污染；滨海垃圾、废水处理不当或者整治力度不足会造成有害气体，发出异味，也将降低滨海大气环境质量。

（五）旅游对社会环境的影响

旅游活动会对民族风俗、传统社会文化造成影响。在旅游业的发展过程中会出现赌博、嫖娼卖淫、非法买卖、廉价出售民俗文化和历史景点等社会文化糟粕现象，这沉重冲击了当地居民的人生观、价值观，严重打击了当地传统文化。由于经济利益的驱使，许多旅游地居民改变传统艺术设计形式，传统文化的精神意义、社会及艺术含义来满足旅游者需求，这造成区域民族传统文化保护意识减弱，导致传统文化逐渐丧失，并呈现舞台化、商品化的趋势。其次，旅游业会带来不良的"示范效应"，对当地居民生活方式、价值观与社会道德和社会公共资源造成负面影响，导致传统道德观念削弱、社会公共资源较少，干扰当地居民的生活，以致影响社会环境的和谐发展。另外，旅游业的发展会造成区域物价上涨，特别在沿海地区旅游旺季时期，住宿酒店、餐馆、购物需求量上升，旅游商品价格随之上涨，促使区域生活个人消费成本提升，造成区域居民满意度下降，降低了区域居民心理承载能力。

综上所述，沿海地区旅游业的发展具备优越的区域基础环境，包括经济实力、资源环境和政策制度等，旅游业呈现强劲的发展势头，旅游资源开发力度不断加大，旅游经济规模持续扩大，旅游产品体系多元发展，旅游信息建设得到加强，旅游发展政策不断完善，旅游产业地位更加凸显。但是，旅游业的快速发展给旅游环境造成诸多负面影响，如旅游目的地资源受损、生态环境遭受破坏、生物多样性减少、海域环境质量下降等，沿海地区旅游环境承载力出现超载或弱载现象，旅游生态环境系统发出警告。因而，围绕可持续发展思想，以消除时滞影响为目标，从时空角度构建旅游环境承载力预警模型，系统评价沿海各地区旅游环境承载力大小，划分当前旅游环境承载力警情状态，做出相应的调控方案，并预测未来发展趋势，评价未来区域存在的危机，构建旅游环境承载力预警调控系统、预警管理系统，避免或降低损失，促使旅游目的地形成旅游环境承载力预警机制与可持续承载系统（包括前期以预防为主、中期控制、后期处理）①。

---

① 翁钢民、李胜芬：《旅游环境可持续承载的路径分析》，《人文地理》2009 年第 1 期。

第四章　我国沿海地区旅游环境承载力
预警评价指标体系

一　旅游环境承载力预警系统环境要素

　　旅游环境承载力预警系统是多种内部要素和外部要素相互作用而形成的复杂系统，这些要素同时也是影响旅游环境承载力大小的关键要素，其中外部环境主要是指区域经济实力、交通通信基础设施、社会文化环境、生态环境系统要素，内部环境则是旅游环境承载力预警系统自身旅游资源基础和开发潜力、旅游经济实力、旅游产品体系、旅游信息服务质量、旅游发展政策、游客心理感知、旅游教育和科技水平等。

　　我国沿海地区资源丰富，经济发达，旅游业发展历史较长，形成了滨海观光、休闲购物、康体娱乐、度假疗养等多样化的旅游产品体系，开发了丰富的海上帆船帆板、游泳、垂钓等体育运动与娱乐活动，滑翔、跳伞等海空旅游活动，海底探险、潜水等海底旅游活动，旅游产业效益日益显现，形成了多种类型、不同层次的旅游环境系统。然而，近年来，由于滨海旅游资源的不合理开发利用，我国滨海环境生态系统遭到严重破坏，滨海旅游环境超负荷运转，旅游环境承载力逐年下降，发出了不同程度的旅游环境承载力危险警情信号。因而，应进一步分析沿海地区旅游环境承载力的影响因素，包括旅游目的地的旅游资源环境，如旅游资源开发条件、陆域景观资源条件、海域景观资源条件；区域生态环境，如生态环境质量、环境污染、环境保护和环境灾害等；旅游经济环境，如旅游经济规模、旅游经济结构、旅游经济效益、区域基础设施、区域经济基础等；旅游社会环境，如当地居民的教育水平、心理素质、社会效应、信息科技、政策环境、治安救护等，为进行我国沿海地区旅游环境承载力预警评价提供理论依据。

旅游环境承载力预警系统是多种内部要素和外部要素相互作用而形成的复杂系统，这些要素同时也是影响旅游环境承载力大小的关键要素，其中外部环境主要是指区域自然生态环境、经济基础条件、社会文化环境系统要素，内部环境则是旅游环境承载力预警系统内部旅游主体（旅游者、旅游开发商、旅游经营管理者）、旅游客体（旅游资源）和旅游媒介（旅游景区、旅游饭店、旅游交通、旅游购物等）。

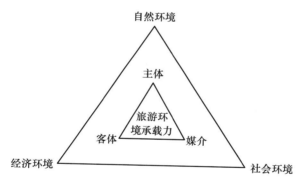

图 4 - 1　旅游环境承载力预警系统的环境因素

（一）外部环境要素

旅游环境承载力的大小与周边环境息息相关，区域外部自然基础、经济条件和社会环境为旅游业的发展奠定了基础支撑条件，同时也影响着区域旅游环境承载力预警机制贯彻实施力度和调控效果。

自然环境。自然环境关系到旅游资源禀赋、旅游产品开发和区域旅游品牌形象，主要包括自然资源和生态环境两个方面，自然资源中的动植物资源、绿地资源、水资源、土地资源和湿地资源等陆地资源占有程度及空间分布，以及海岸线长度、海域面积、海岛数量等海域资源的规模，功能特性及其相互组合状况，直接影响旅游资源丰富程度、开发潜力、自我修复能力和承载能力。生态环境是培育旅游资源品牌、开展各项旅游活动最基本的环境条件，生态环境保护和治理关系到旅游资源开发的可持续性。气候、水文、地质地貌、植被等生态环境要素，关系到旅游资源开发类型与特征[1]、适游性和季节性以及旅游活动开展的承受能力。不同气候、天象、地质地貌条件下，会形成不同的气候舒适度、空气质量、绿化覆盖率和生物多样性指数等，良好的环境质量是支撑旅游业发展的前提。旅游活动发生的过程中，区域相关产业生产、经营与管理过程中会对环境产生一定负面影响，其中工业及生活废气、废水、固体废弃物的排放直接影响区域大气环境，这将会降低旅游生态环境承载力。自然灾害具有突发性和破坏性，严重的自然灾害往往给旅游业带来重大损失甚至造成人身财产伤害，自然灾害发生频率和直接经济损失也是影响旅游生态环境承载力大小和预警效果的重要因素。沿海地区是我国较为发达的地区，是开展资源可持续和环境保护的先行区域，工业"三废"处理能力和环境保护投资力度关系到区域环境的发展后劲，这也是提高区域旅游生态环境承载力的重要举措。另外，随着海洋经济发展战略的实施和海洋旅游的快速发展，我国海域生态系统面临多方面威胁，如人们从海洋中获得医药、食物、原材料等而大批捕捞海洋生物资源，旅游开发商和经营者或者是目的地居民由于商业利益的驱使而过度捕捞海洋动植物资源，造成资源面临灭绝的危机[2]；填海造地、采伐红树林、海岸河口筑堤、采矿等开发活动均会造成海域自然环境发生巨大改变；滨海旅游城市生活和工业废弃物等其他污染物的排放，造成海水富营养化，导致海洋植物种类组成发生变化，引起底栖生物群落结构发生变化，甚至引发海洋生物的死亡，给海洋生态系统带来巨大压

---

① 翁钢民：《旅游环境承载力动态测评及管理研究》，博士学位论文，天津大学，2006 年。

② 傅秀梅：《中国近海生物资源保护性开发与可持续利用研究》，博士学位论文，中国海洋大学，2007 年。

力，也对旅游生态环境承载力造成威胁，可见海域环境质量也是影响沿海地区旅游环境承载力预警分析与调控的重要因素。

经济环境。沿海地区经济环境主要是指区域的经济基础、基础设施条件、旅游经济实力及其对区域经济的贡献程度等。区域国民经济发展水平、发展速度、在第三产业的比重、人均占有程度、城市化水平等因素关系到区域旅游发展的经济承载力，区域经济基础越好，产业结构越合理，那么旅游业的供给能力、投资环境越优越，旅游经济承载力越强。基础设施支持旅游业正常运行的必要条件，包括供电、供水、交通条件。其中公路、铁路、航空、海港码头等海陆空交通网络系统建设程度代表区域可达性，直接影响旅游者对目的地的选择与偏好，也是影响旅游环境承载力预警的关键因素。交通条件较好的区域旅游经济承载力较强，往往成为沿海主要旅游目的地，吸引了众多旅游者，但同时在一定程度上也增加了旅游环境承载压力。

社会环境。旅游业的发展和区域社会环境密切相关，一方面旅游业的良性发展依托于良好的卫生状况、齐备的安全急救系统、较强的环保意识、先进的信息技术、科技水平、完善的教育环境、文化异质性、合理的管理制度与规划策略、政府的重视程度与支持力度以及社区居民对旅游业的感知[①]；另一方面旅游业会为社区带来经济收益、就业机会等积极作用，同时也会造成区域治安混乱、不良社会风气泛滥、民俗文化沦丧等负面影响。旅游环境承载力预警应对这些社会影响因素进行分析、预测，以减少或消除负面影响的发生，提高区域社会环境承载力。

（二）内部环境要素

旅游主体。旅游活动主体是具备一定旅游动机、闲暇时间和可自由支配收入的旅游者，其旅游行为、心理感知和心理容量会随着旅游

---

① 税清双：《山岳风景区旅游环境承载力测算模型研究》，硕士学位论文，电子科技大学，2006年。

目的、交通方式、年龄结构、收入水平、受教育程度等特征的变化而发生改变，这在一定程度上会影响区域社会价值观、文化传统、旅游认知，从而影响了区域旅游社会环境承载力。另外，旅游者在旅行过程中会产生大量生活垃圾、污水，如果不经处理排放入海，将会对沿海水域环境造成污染，再加上旅游旺季时期旅游者过度集中，景区超载现象突出，区域旅游环境承受巨大压力，长此以往，区域环境自净能力将会下降，旅游生态环境将遭受难以修复的破坏，旅游环境承载力自然也随之降低。

旅游客体。我国沿海地区旅游资源丰富，旅游资源开发丰度、开发价值、地理集中度影响旅游资源承载力的大小，已开发的旅游资源以及尚未开发的旅游资源均是旅游资源的重要部分，关系到旅游资源的发展潜力。

旅游媒介。旅游媒介是指与旅游产业相关的各种要素，其中旅行社、旅游酒店、旅游景区等旅游企业规模、发展水平、接待能力、经济效益、从业人员、分布密度等关系到旅游可进入性、服务质量、接待游客规模和承受旅游活动的能力，影响着旅游经济环境承载力警情的大小。如旅游景区的道路铺设覆盖面积、交通工具规模、游览线路长度等涉及旅游交通承载力；旅游目的地旅游饭店规模、床位数、出租率、分布密度等，以及文化产业、娱乐产业等相关服务业设施建设情况，都将影响区域旅游经济承载力大小；导游、服务人员、管理人员、交通运输人员等旅游就业人员的服务质量，关系到区域旅游形象和旅游服务满意度，因而区域旅游人才培养、服务水平、综合素质等，直接影响到区域旅游服务能力。

二 指标构建及解释

构建合理的评价指标体系是旅游环境承载力预警的核心环节，关系到承载力测算结果的正确性和客观性。旅游环境承载力预警指标的确定应根据旅游环境承载力预警系统影响要素，结合沿海地区旅游发展现实状况，坚持数据可获得性、结构严谨性、动态科学性、可量化等原则，建立旅游环境承载力 SD 预警指标体系[①]：（1）科学性和整体性。旅游环境承载力预警系统涉及多方面因素，具有综合性与复杂性特点，这就要求各项指标必须概念明晰、计算方法科学、评判标准规范、内容全面，能够科学反映旅游环境承载力预警系统的各方面特征，全面阐释沿海地区旅游环境承载力预警系统的状态、变化趋势和内在机制等；（2）可获得性与可比性。为便于旅游环境承载力 SD 预警系统定量测度，所选指标应最大限度利用现有统计年鉴、统计公报等公开发布的统计指标，使指标数据资料便于搜集、整理、计算和分析，保证评价结果的可信度。另外，指标应具有纵向、横向可比性，以比较分析各区域间旅游环境承载力的共性和个性，保障结果的准确性和客观性；（3）动态性与稳定性。沿海地区旅游环境承载力警情状态和发展趋势会随着时间和地域差异而发生改变，为此，其指标体系及其标准值应具有动态性和稳定性特征，较好的描述、衡量旅游环境承载力警情状态与变动趋势，确定变化的阈值范围，保持警情的相对稳定性。

表 4 - 1 旅游环境承载力预警评价指标体系

目标层	准则层	领域层	指标层	指标权重
旅游环境承载力预警系统 A	旅游资源环境承载力 B1	旅游景区资源质量	旅游资源丰度	0.00917
			旅游资源效度	0.02836
			人均旅游资源密度	0.01498
			地均旅游资源密度	0.01077
			旅游资源地理集中度	0.03677
		陆海景观资源质量	人均水资源占有	0.03228
			人均土地资源占有	0.03197
			湿地资源占有率	0.02661
			人均绿化面积	0.01553
			人均海域面积	0.01306
			人均海岸线长度	0.03325

---

① 刘佳：《中国滨海旅游功能分区及其空间研究》，博士学位论文，中国海洋大学，2010 年。

续表

目标层	准则层	领域层	指标层	指标权重
旅游环境承载力预警系统 A	旅游生态环境承载力 B2	环境质量	海水水质	0.03162
			国家自然保护区个数	0.03070
			国家自然保护区面积比例	0.03592
			建成区绿化覆盖率	0.01888
		环境污染	工业三废排放量	0.01320
			工业废水直排入海量	0.02451
			"三废"综合利用产品产值	0.01863
			环境污染治理投资	0.01156
		环境灾害	自然灾害直接经济损失	0.02125
	旅游经济环境承载力 B3	旅游经济效益	旅游总收入	0.01177
			人均旅游总收入	0.00485
			游客规模	0.01367
			旅游企业空间密度	0.02349
			旅游企业平均经济效益	0.01385
			旅游从业人员	0.02564
		旅游经济结构	旅游总收入占 GDP 比重	0.02030
			旅游总收入占第三产业比重	0.02278
			入境旅游收入比重	0.01963
			旅游产业区位熵	0.03931
		区域基础设施	供水能力	0.02715
			等级公路密度	0.02810
			旅客周转量	0.02061
			港口旅客吞吐量	0.02694
		区域经济基础	GDP 总量	0.01349
			人均 GDP	0.01274
			第三产业占 GDP 比重	0.01982
			城市化水平	0.01345
			人均社会固定资产投资	0.01713

续表

目标层	准则层	领域层	指标层	指标权重
旅游环境承载力预警系统 A	旅游社会环境承载力 B4	教育素质	旅游院校数量	0.01611
			旅游院校在校学生数	0.01675
			游居比	0.00935
			单位面积游人密度	0.01258
		社会效应	旅游就业贡献率	0.02902
			旅游总收入占区域固定资产投资比重	0.01533
			城镇居民人均可支配收入	0.01961
			城镇居民恩格尔系数	0.01266
		科技治安	科技投入	0.01109
			信息化水平	0.01359
			治安状况	0.01017

　　沿海地区旅游环境承载力预警是特定环境下人类旅游活动与生态环境之间的沟通界面，是评判区域旅游业发展与环境承载是否协调的衡量手段。因此，沿海地区旅游环境承载力预警评价指标必须能够反映区域旅游资源利用是否合理，旅游生态环境是否健康，旅游经济系统是否高效，旅游社会环境是否安全，以探讨区域生态环境系统未来发展趋势和旅游发展潜力。根据以上指标构建原则，围绕旅游环境承载力预警系统的影响要素，将旅游环境承载力预警系统分为旅游资源环境承载力预警子系统、旅游生态环境承载力预警子系统、旅游经济环境承载力预警子系统与旅游社会环境承载力预警子系统，分别确定各子系统和指标层，形成 50 个评价指标，具体如表 4-1 所示。

（一）旅游资源环境承载力预警子系统

　　旅游资源是旅游业发展的基础条件，不仅包括旅游资源丰度、密度和效度等旅游资源开发条件，还包括区域土地资源、水资源、绿地资源、湿地资源、海岸线长度、海域面积等陆海景观资源条件，这些资源的丰富程度、组合状况、承载空间关系到旅游资源环境承载力的大小。

　　旅游景区资源质量主要是指已开发的旅游景区景点资源质量，为防止旅游景区景点的重复性统计，这里主要测算国家 5A/4A 级旅游景区数量之和代表旅游资源丰度，旅游资源数量越多，其旅游资源开发空间越大，旅游资源开发条件越优越；通过式（3-1）计算所得旅游资源地理集中度，代表旅游资源环境的空间集聚程度，反映旅游资源空间承载力，与区域旅游资源丰度和沿海地区旅游资源丰度之和密切相关，地理集中度越高，那么旅游景区资源质量越好，呈正相关关系；旅游资源效度反映旅游资源利用的经济效益，通过式（3-2）计算可得，主要与旅游资源丰度、旅游资源数量总和、旅游总收入占总量比例有关，旅游资源效度越高，旅游景区资源质量越优越；旅游资源相对密度代表旅游资源消除人口、面积影响的空间分布密度，假设旅游资源丰度不变的情况下，旅游资源相对密度与区域人口规模、面积呈现负相关关系，人口规模、面积越大，则旅游资源相对密度越小，继而旅游景区资源开发条件越差。

　　陆海域景观资源是旅游资源的重要组成部分，包括水资源、土地资源、绿地资源、湿地资源和海域资源等。水资源一直是影响沿海地区旅游环境承载力的重要因素，水资源占有量越多，则对旅游资源开发支撑作用越大，这里用人均水资源占有量反映水资源承载能力，用区域水资源总量与人口规模之比表示；人均土地资源占有量反映土地资源承载空间，关系到旅游用地空间、承载游客规模和旅游活动开发潜力，用区域土地总规模比区域人口规模。湿地资源、绿地资源具有独特性、生态性特征，是发展生态旅游、绿色旅游的重要载体，湿地资源占有率用湿地面积占地区总面积之比表示，绿地资源用城市绿化覆盖面积表示，湿地资源和绿地资源在区域所占比重越大，区域旅游资源开发空间越大，区域旅游吸引力越强，那么旅游资源环境承载力越大。近海海岸带、海滩、海底拥有独特的海域风光、魅力的海湾海岛、丰富的海洋动植物资源/海洋水产品资源/矿物资源等海洋资源，拥有巨大的魅力和开发价值，是我国旅游开发的巨大资源宝库。沿海地区纷纷实施海洋旅游发展战略，大力开发海域景观资源。海岸线长度反映陆地与海域相连接的边界线长度，海域面积代表海洋旅游开发空间，关系到海域资源丰裕度，影响旅游资源开发潜力。

（二）旅游生态环境承载力预警子系统

旅游生态环境承载力是指旅游业发展的大气环境、水体环境、声环境等外部环境所能承载的游客或旅游活动规模、生态系统所能承受的环境污染最低界限、环境保护力度以及环境灾害情况。

沿海地区空气质量、陆域水质、气候舒适度以及近海海域水质状况、海水水质、国家自然保护区等影响着沿海地区旅游环境质量。近海海域是开展海上旅游活动的主要旅游目的地，是游客和居民开展各项娱乐活动的重要场所，其水域环境质量状况关系到生态环境承载力是否达到标准，关系到旅游效果、适游程度、旅游景观质量和生态系统健康状况。《海水水质标准》（GB3097—1997）将海水水质划分为四大类，一类、二类和三类海水水质主要用于海上自然保护区和珍稀濒危海洋生物保护区，海水浴场、海上运动或娱乐区和滨海风景旅游区等，四类海水水质用于海洋港口区和开发作业区，因而选取沿海地区海域水质属于一类、二类、三类海水面积的比例来衡量海水水质状况，三类以上海水比例越大，海水水质越好，海水健康指数较高，达到公众入浴所需的标准，适宜开展旅游活动。建成区绿化覆盖率体现区域绿化程度，也是反映区域自净能力和环境质量的重要指标。自然保护区中的资源具有原真性和生态性，具有较大的吸引力，不仅是保护资源的重要场所，也是开展旅游活动的关键资源，因而自然保护区规模和自然保护区面积在区域中的比重，关系到旅游生态环境自净能力和承载能力。

区域生态环境污染和保护状况关系到沿海地区旅游生态环境的承载力状况。生态污染会对旅游生态环境承载力起到负向作用，工业废气、废水和固体废弃物是沿海地区主要污染物，也是影响生态环境承载力的重要因素，因而用工业"三废"排放量代表环境污染状况。工业废水直排入海量是造成近海海域污染的最直接原因，其数值越大，对生态环境的危害性就越大。"三废"综合利用产品产值反映工业废气、废水和固体废弃物综合利用状况，环境污染治理投资来反映区域生态环境保护与治理程度。生态污染和生态保护同时受到区域GDP、居民消费水平、区域人口规模等因素密切相关，GDP越发达、消费水平越高、人口规模越大的地区，生态污染相对严重，环境保护意识越强烈，生态保护力度也将会加大。沿海地区是赤潮、海水入侵、风暴潮和土壤盐渍化等自然灾害的多发地带，自然灾害的发生会对旅游活动造成负面影响，甚至给旅游者带来生命、财产威胁，因而选取自然灾害直接经济损失来分析旅游生态环境的外在风险程度。

（三）旅游经济环境承载力预警子系统

旅游经济环境承载力预警子系统主要反映了旅游业发展所依托的旅游服务设施、区域经济水平、基础设施及相关辅助行业支撑所能承载的旅游人数和旅游活动强度最大值，主要包括旅游经济效益、旅游经济结构、区域基础设施承载力和区域经济基础承载力。

旅游经济效益是旅游发展所呈现的旅游经济效益、经济发展水平和经济发展速度，将会直接影响旅游经济环境承载力，旅游经济效益越高，旅游经济环境承载力越强。这里用区域旅游总收入反映旅游产业创收能力和旅游效益，旅游总收入越高则旅游经济规模越大，人均旅游总收入反映游客平均创收能力。游客规模代表旅游接待游客能力，接待游客规模越大，那么旅游经济环境承载压力越大。旅游业的发展必须要依托旅游酒店、旅行社、旅游餐馆等旅游企业，这里选取旅游企业空间密度（是指旅游饭店、景区、旅行社等旅游企业的数量之和与区域面积之比）、旅游企业平均经济效益（旅游总收入与旅游企业数量之比，反映旅游企业规模效益）和旅游企业从业人员（代表旅游企业服务能力）反映旅游业的接待能力。

旅游经济结构是指旅游产业在区域经济与第三产业、外汇旅游收入在旅游总收入、区域旅游产业在沿海地区中的地位，旅游经济结构合理性影响旅游产业发展潜力。旅游总收入与GDP的比例代表旅游业发展水平，旅游总收入在第三产业中的比例反映旅游业在第三产业中的地位。入境旅游收入比重反映区域旅游产业的国际化程度，入境旅游收入比重越高，区域旅游市场国家化程度越高，旅游经济环境承载力越高。旅游产业区位熵反映旅游产业对区域旅游市场的贡献程度，数值越大，代表贡献程度越大，其旅游经济环境承载力越高。旅游企业固定资产投资占社会固定资产投资比例关系到旅游企业投资建设水平，数值越大，旅游企业承载能力越强。

区域基础设施反映区域在旅游活动中为旅游者提供各种设施、设备的能力，包括城市供水、交通运载能力。城市供水能力主要反映城市供水的人口承载状况，以实际供给能力与年末总人口数的比重来表示。交通条件优越的区域交通可达性较好，往往成为沿海主要旅游目的地，受到大众旅游者的青睐。公路交通往往是旅客到达目的地的主要交通途径，选取等级公路密度代表区域公路网络系统建设程度，选取旅客周转量表示区域运输工作量，另外，沿海地区港口运输也是重要的交通方式以及旅游手段，选取港口旅客吞吐量共同表现区域的交通承载能力。

区域经济基础是旅游业发展的重要支撑，经济发展水平越高，其经济支撑能力越强，旅游投资环境越好，区域旅游开发将会得到强有力的资金保障和政策支持，旅游经济环境承载力越强。这里采用 GDP 总量反映区域经济发展总体水平，人均 GDP 反映区域人口的平均创收能力。第三产业占 GDP 比重反映区域第三产业发展水平，代表区域产业结构合理性，一般地，第三产业占 GDP 比重越高，区域产业结构越合理，为区域旅游发展提供各项服务支撑的环境越好。城市化水平用非农业人口与区域总人口的比例来表示，城市化水平越高，旅游经济发展的城市环境越好。

（四）旅游社会环境承载力预警子系统

旅游社会环境承载力是旅游目的地在其旅游业发展某个时间范围内，文化、政治、心态、安全、教育、信息科技等社会环境对旅游及其相关活动的承载能力，主要包括教育素质、社会效应、信息、政策。

教育素质主要是指区域教育水平和心理素质，用区域旅游院校数量、旅游院校在校学生数代表旅游教育水平，普通高等院校在校学生数反映区域教育程度和文化稳定程度，关系到区域旅游从业人员的素质和心理。旅游教育水平越高，当地地域文化背景越深厚，区域受外界文化冲击越小，对外界文化接纳程度越高，旅游社会环境承载力越强。心理素质是指一定时期内在不降低居民与游客满意度的基础上承载旅游活动的能力，主要是受到居民心理素质和游客心理状况的影响，可以游居比、单位面积游人密度来表示。游居比用旅游者总人数与当地总人口的比值来表示，反映游客空间分布密度，数值越大，居民心理承载力越小，当地居民越容易对旅游者产生排斥心理。单位面积游人密度是游客规模与区域面积之比，反映区域游客拥挤程度，单位面积旅游者数量越多，旅游者心理承载力越弱。

旅游产业的发展会给区域创造大量就业机会，为区域就业创造良好的条件，同时也会促进居民消费能力的提高，需求层次的提升。旅游就业贡献率为旅游从业人员占区域从业人员的比重，反映旅游业所产生的就业效应，城镇居民人均可支配收入代表居民的消费水平，反映本地居民成为旅游消费者的消费潜力。恩格尔系数反映食品支出在总支出中的比重，恩格尔系数越小，则旅游消费的比重越大，旅游社会环境的承载能力越强。

区域政策支持与科技投入也是影响旅游社会环境承载力的重要因素。科技是第一生产力，新信息时代新型旅游业的发展需要依托新型科学技术投入与运用，提高旅游体验性和娱乐性，这里采用科研与发展费用占 GDP 比重来表示区域科技对旅游业的支撑能力。旅游信息化建设也是反映区域旅游社会环境承载力的重要因素，运用邮电业务总量来表示区域信息化水平，信息化水平越高，其承载能力越强，有利于分担景区旅游压力。区域旅游业的发展需要政府部门予以高度重视，更需要其在资金、政策、人力等方面的大力支持。旅游安全与救护受到旅游经营管理者的高度重视，沿海地区旅游业特别是海岛旅游具有一定风险性，评价旅游安全急救系统、突发事件的救助措施与人员调控机制水平，对于保障旅游业稳定发展至关重要。区域治安环境中交通事故的发生关系到旅游活动的顺利进行，这里采用交通事故直接财产损失来表示区域治安状况，交通事故直接财产损失越少，旅游地治安状况相对稳定，救助措施和环境相对较好，旅游环境承载力越高。

三 指标标准化及权重确定

旅游环境承载力评价指标不同其量纲和量纲单位也会有所差异，为消除量纲和量纲单位对评价过程的影响，应首先对评价指标进行无量纲化处理。旅游环境承载力综合指数是各指标综合作用的结果，有些指标对其具有正向促进作用，为正向指标；有些指标对其具有负向抑制作用，为负向指标，下面采用比值法，分别对各项指标进行标准化处理。具体公式如下：

正向指标标准化公式：$X_{ij} = \dfrac{x_{ij}}{x_i^0}$ （4 - 1）

负向指标标准化公式：$X_{ij} = \dfrac{x_i^0}{x_{ij}}$ （4 - 2）

式中：X_{ij}为第 i 个指标 j 个地区的标准化值；x_{ij} 为第 i 个指标 j 个地区的原始值；x_i^0 为第 i 个指标的标准值 （$i = 1, 2, \cdots, n$；$j = 1, 2, \cdots, m$），数值为上节所确定的指标标准值。当 X_{ij} 大于、等于、小于 1 时，表示第 j 个地区 i 个指标的承载力大于、等于、小于标准承载力。

合理确定指标权重是旅游环境承载力评价研究的核心步骤。确定指标权重的方法主要包括二项系数法、专家调查法、层次分析法等主观赋权法，以及熵值法、主成分分析法、聚类分析法、判别分析法、均方差权重法等客观赋权法。其中均方差权重法是反映随机变量离散程度的重要方法，通过确定随机变量 X_i，计算随机变量的均方差 $S(X_i)$，求出权重系数 W_i，该方法以指标数据为客观依据，结果相对客观，具体公式如下：

$$\overline{X_i} = m^{-1} \sum_{j=1}^{m} X_{ij}$$ （4 - 3）

$$S(X_i) = \sqrt{\sum_{j=1}^{m} [X_{ij} - \overline{X_i}]^2} \, (i = 1,2,\cdots,n; j = 1,2,\cdots,m)$$

$$(4-4)$$

$$W_i = S(X_i) / \sum_{i=1}^{n} S(X_i) \qquad\qquad (4-5)$$

归结来说，这里采用与标准值比较的方法，根据公式（4－1）至公式（4－5）计算沿海各地区不同时间截面的旅游环境承载力预警系统对于同一基准的旅游资源环境承载力、旅游生态环境承载力、旅游经济环境承载力、旅游社会环境承载力和旅游环境承载力综合评价值，探讨旅游环境承载力状态，并分析影响旅游环境承载力的主要因素，为旅游环境承载力调控提供参考。同时与系统动力学仿真预测相结合，可判断未来时段旅游环境承载力状态，分析动态变化趋势，对区域发展提供警示。

四　指标标准界定

确定旅游环境承载力各项指标的理想状态值，即确定指标体系中各个指标在不同时间段内的阈值，是影响旅游环境承载力最终评价结果的关键环节。旅游环境承载力评价指标标准值一方面要从可持续发展角度出发，促进区域旅游经济环境、社会环境、生态环境和资源环境协调发展；另一方面则要综合考虑当地政策规划和经济社会发展目标和环境保护策略等。一般运用问卷调查法搜集研究领域中多位学者、专家与政府管理决策者的意见，或依据现有的一些国内外标准及当地普遍认可的目标值来评估不同时间范围内旅游环境承载力的理想状态值，或参照处于可持续发展状态的区域作为参照区，以其各项指标作为研究沿海地区旅游环境承载力各项指标的阈值[①]。

---

① 叶明霞：《长江上游地区资源环境承载力的实证分析》，《华东经济管理》2009 年第 3 期。

表4-2　**旅游环境承载力评价指标标准值**

指标层	指标单位	理想状态值
旅游资源丰度	个	50
旅游资源效度	—	1.3
人均旅游资源密度	个/万人	0.008
地均旅游资源密度	个/万平方公里	6.9
旅游资源地理集中度	%	0.09
人均水资源占有	立方米/人	1511
人均土地资源占有	平方公里/万人	24
湿地资源占有率	%	0.124
人均绿化面积	公顷/万人	23
人均海域面积	平方米/人	3.5
人均海岸线长度	米/人	0.06
海水水质	%	73
国家自然保护区个数	个	77
国家自然保护区面积比例	%	6.6
建成区绿化覆盖率	%	37
工业三废排放量	千克	3.64417E+12
工业废水直排入海量	万吨	13159
"三废"综合利用产品产值	万元	702029
环境污染治理投资	亿元	190
自然灾害直接经济损失	亿元	85
旅游总收入	亿元	1580
人均旅游总收入	元/人	1100
游客规模	万人次	15000
旅游企业空间密度	个/平方公里	0.03
旅游企业平均经济规模效益	亿元/个	0.88
旅游从业人员	人	13000
旅游总收入占 GDP 比重	%	15
旅游总收入占第三产业比重	%	25
入境旅游收入比重	%	10
旅游产业区位熵	—	0.01

续表

指标层	指标单位	理想状态值
供水能力	万立方米	26000
等级公路密度	千米/平方公里	0.8
旅客周转量	亿人公里	950
港口旅客吞吐量	万人次	688
GDP 总量	亿元	16338
人均 GDP	元/人	34652
第三产业占 GDP 比重	%	40
城市化水平	%	40
人均社会固定资产投资	元/人	16810
旅游院校数量	个	62
旅游院校在校学生数	人	32737
游居比	—	3.45
单位面积游人密度	万人/平方公里	0.3459
旅游就业贡献率	%	0.56
旅游总收入占区域固定资产投资比重	%	23
城镇居民人均可支配收入	元	16975
城镇居民恩格尔系数	%	36
科技投入	万元	2534645
信息化水平	亿元	967
治安状况	万元	6398

综上所述，旅游环境承载力理想状态值的确定主要依据：（1）以专家、旅游者、当地居民等对象进行问卷调查，以其调查结果的平均值作为标准值；（2）采用已有国际标准或国家标准，并与我国现有相关政策、研究目标保持一致；（3）参考国内科研成果、旅游开发实践的经验值，最终确定旅游环境承载力评价标准见表4-2。

第五章　我国沿海地区旅游环境承载力预警仿真模型构建

　　构建预警模型是开展预警研究的重要组成部分，预警方法的选择和运用关系到预警研究结果的客观性和科学性，目前主要分为指数预警、统计预警与模型预警三种类型，包括景气指数法、ARCH 回归分析法、时差分析、主成分分析、人工神经网络、模糊聚类、灰色预测、系统动力学等多种方法。旅游环境承载力预警方法选择亦是旅游环境承载力预警研究的重要内容，根据旅游环境承载力预警的一般步骤，旅游环境承载力预警研究应以旅游环境承载力评价方法为基准，定量测度旅游环境承载力，这里采用状态空间法和综合指数法测度旅游环境承载力综合数值，并结合空间分析法分析旅游环境承载力的地域差异。在此基础上，运用系统动力学方法构建旅游环境承载力预警仿真模型，建立旅游环境承载力预警系统之间的相关关系，为旅游环境承载力预警仿真分析奠定基础。

一　旅游环境承载力预警的方法选择

（一）状态空间法

　　根据第二章对于旅游环境承载力评价方法的比较分析，这里主要运用状态空间法测算旅游环境承载力综合指数。状态空间法是定量描述系统空间状态的一种方法。状态是指系统中可被观察与识别的状况、趋势和特征等，一般用一系列状态量来表征，这种状态量的变量称为状态变量。假设 t 时刻系统的状态变量为：$x_1(t)$、$x_2(t)$、$\cdots$、

$x_n(t)$，可用列向量形式来表示：$x(t) = [x_1(t), x_2(t), \cdots, x_n(t)]^T$，所有 n 维状态向量组成了实数域上的 n 维状态空间。状态空间通常由反映系统要素状态向量的三维空间轴构成（见图 5-1），状态空间上的点（如图中的 A、B、C 点）代表某个时段被研究对象的某种特定状态。

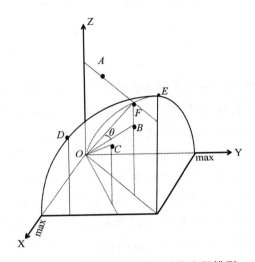

图 5-1　旅游环境承载力状态空间模型

状态空间法是定量描述、测算区域承载力和承载状态的重要方法。这里假设旅游环境承载力评价指标 X_{ij} 为第 j 个区域（$j=1$，2，$\cdots$，m）的第 i 个指标（$i=1$，2，3，$\cdots$，n），则第 j 个地区旅游环境承载力可用空间向量序列 $\vec{X_j}$ 表示：$\vec{X_j} = (x_{1j}, x_{2j}, \cdots, x_{nj})^T$。根据状态空间法，旅游环境承载力是状态空间原点和系统状态点所形成的矢量模，如图中的 OC。由此可得旅游环境承载力数学表达公式：

$$T = |M| = \sqrt{\sum_{i=1}^{n} x_{ij}^2}$$

式中：T 为旅游环境承载力综合数值的大小；$|M|$ 表示旅游环境承载力的有向矢量模，如图 5-1 中 OC 的模 $|OC|$；x_{ij} 为区域人类旅游活动和资源环境系统在理想状态时所对应的状态空间坐标值。由于

旅游活动及其对资源、社会和经济环境的相互作用关系有所差异，它们对区域旅游环境承载力的影响也会不同，因而赋予各状态轴不同的权重 W，此时具体数学表达式为：

$$T = |M| = \sqrt{\sum_{i=1}^{n} w_i x_{ij}^2} \qquad (5-1)$$

式中 w_i 为第 i 个指标的权重值。

（二）空间分析方法

　　旅游环境承载力预警指数不仅存在时序上的差异，在空间范围内也存在不同。有些区域旅游空间上呈现较强的相关性，集聚效应较好，旅游资源共享程度较高，有利于提高旅游环境承载力水平，有些区域则相反，空间相关性较弱，个体性特征明显，那么对于旅游环境承载力发展空间相对减弱，因而探讨沿海地区旅游环境承载力在空间上的关联程度，也是十分有必要的。空间自相关分析（Exploratory Spatial Data Analysis，ESDA）是基于某一地理变量的空间数据，分析检验其相邻位置间的相关性，用于揭示变量数据的空间依赖性和异质性特征。这里运用局部空间自相关系数（Local Moran's I）来测度分析区域内部旅游环境承载力的空间异质性特征，并结合 Moran 散点图，直观地分析对象的空间分布规律。计算公式为：

$$LMI_i = Y_i' \sum_{j=1}^{n} W_{ij}' Y_j' \qquad (5-2)$$

$$Z_i' = (x_i - \bar{x}) / \sqrt{\frac{1}{n} \sum_{i=1}^{n} (x_i - \bar{x})^2} \quad (n = 1,2,\cdots,11) \qquad (5-3)$$

　　式中 LMI_i 表示第 i 个地区的局部空间自相关系数；x_i 表示第 i 个地区的旅游环境承载力预警指数；$\bar{x}$ 为区域旅游环境承载力预警指数的均值；W_{ij}' 为空间权重系数，一般包括邻接标准和距离标准两种确定方法，这里采用邻接标准，如果区域 i 和 j 相邻，则权重为 1，否则为 0；Z_i'、Z_j' 为区域 i 和区域 j 旅游环境承载力预警指数的标准化值，Z_j' 通过公式（5-3）同理可得。

　　若 $LMI_i > 0$，则表示 i 区域与邻近区域的属性值存在正相关关系，数值越大，正相关性就越强，若 $LMI_i < 0$，则表示区域 i 与邻近单元的属性值存在负相关关系，其绝对值越大，负相关性就越强。

二　系统动力学模型

系统动力学模型是一种动态仿真系统，通过建立系统中各要素之间的结构因果关系，具有较强的客观性、科学性，能够清晰地反映系统各要素之间的关系，对研究对象的历史数据要求较低，并具有动态特性，适用于旅游环境承载力的动态预警研究。

系统动力学（System Dynamics，SD）是在 1956 年由美国麻省理工学院福瑞斯特（J. W. Forrester）教授提出，是一门综合运用信息论、系统论和控制论等学科知识，根据系统运行规律描述现实状况并预测未来趋势、研究信息反馈系统、认识和解决系统问题的交叉性学科，同时也是一种通过建立 DYNAMO 模型，结合计算机仿真技术，定量分析高阶次、非线性、多反馈和复杂系统的系统仿真方法和分析技术。SD 方法适宜于分析复杂性、动态性和多边形的中长期预测。系统动力学创立之后，研究领域逐渐扩大，理论体系和方法工具逐步完善，在经济管理、军事管理、科研管理、城市建设、项目管理、物流与供应链领域、社会公共管理、生态环境和资源保护、产业发展、组织规划与设计和旅游研究等方面发挥着重要作用①。我国学者从 1987 年开始将 SD 应用于旅游当中②，历经 20 多年的发展，方法的运用领域和作用更加凸显，到目前为止，该方法主要用于分析旅游地研究、旅游产品（同质化问题③、生命周期④）、旅游经济（旅游经济系

---

① 钟永光：《系统动力学在国内外的发展历程与未来发展方向》，《河南科技大学学报》（自然科学版）2006 年第 4 期。
② 周曼殊等：《旅游业系统自组织》，《农业系统科学与综合研究》1987 年第 4 期。
③ 黄小军：《旅行社旅游产品同质化竞争的系统动力学仿真研究》，《商场现代化》2008 年第 30 期。
④ 徐红罡：《潜在游客市场与旅游产品生命周期——系统动力学模型方法》，《系统工程》2001 年第 3 期。

统运行①、旅游产业竞争力②、旅游投资③和旅游产业链④）、城市旅游（增长模式⑤、城市群旅游竞争力⑥）、旅游环境承载力（景区旅游容量⑦、生态旅游承载力⑧）等方面问题，在指导旅游发展实践和旅游决策方面起到重要作用。

系统动力学模型在环境预警中有所应用，包括流域可持续发展预警、水资源承载力预警、生态安全预警、环境影响预警、风险预警等方面。王慧敏等构建流域可持续发展预警研究模型（包括社会经济系统和资源环境子系统），探讨经济、人口、水资源和环境系统之间的相互关系，比较分析不同方案的仿真结果，为制定区域可持续发展规划提供依据⑨。王耕构建了资源—人口—经济—社会—环境复合生态安全预警系统，从时空角度分析辽宁省生态安全状况，并划分预警区间，为城市发展与建设提供参考⑩。目前尚未出现 SD 方法在旅游预警系统中的理论探讨和实证分析，这将是旅游研究领域的重要研究内容。

旅游环境承载力预警系统具有非线性、时间变化性、空间差异性

① 王云才：《旅游经济系统运行动力学过程与机制探讨》，《旅游学刊》2002 年第 2 期。

② 游海鱼：《旅游产业竞争力系统动力学模型应用研究》，硕士学位论文，云南财经大学，2009 年。

③ 谭冰雁：《基于系统动力学的旅游景区投资项目财务评价》，硕士学位论文，江西理工大学，2011 年。

④ 李卫飞：《区际旅游产业链优化整合研究》，硕士学位论文，湘潭大学，2011 年。

⑤ 徐红罡、田美蓉：《城市旅游的增长机制研究》，《中山大学学报》（自然科学版）2006 年第 3 期。

⑥ 李雪、董锁成、张广海等：《山东半岛城市群旅游竞争力动态仿真与评价》，《地理研究》2008 年第 6 期。

⑦ 林明水、谢红彬：《旅游环境容量管理的动力学探讨》，《亚热带资源与环境学报》2009 年第 2 期。

⑧ 尚天成、孙玥、李翔鹏等：《系统动力学的生态旅游系统承载力》，《天津大学学报》（社会科学版）2009 年第 3 期。

⑨ 王慧敏、刘新仁、徐立中：《流域可持续发展的系统动力学预警方法研究》，《系统工程》2001 年第 3 期。

⑩ 王耕、刘秋波、丁晓静：《基于系统动力学的辽宁省生态安全预警研究》，《环境科学与管理》2013 年第 2 期。

和复杂性特征，容易受到自身本体资源属性、生态系统功能、生态环境、经济和社会文化等因素的影响。因此，一般的静态研究方法难以有效地开展旅游环境承载力预警预测分析，而系统动力学方法可以根据旅游环境承载力预警系统，建立系统要素间因果关系，构建动态仿真模型，测试不同措施方案下的现实结果和未来效应，对于选择区域旅游环境承载力预警调控管理方案和组织管理措施具有重要参考价值。

（一）系统动力学模型的相关概念

1. 因果关系

因果关系是描述旅游环境承载力预警系统中现象发生的理由和可能引起的结果之间的逻辑因果关系，是构建旅游环境承载力预警 SD 模型的基础，主要由因果箭、因果关系链和因果关系反馈回路构成。

因果箭。将因果关系变量串联起来的有向边就是"因果箭"，从原因要素指向结果要素。因果箭有正负极性，表示正负因果关系，分别用"＋""－"表示。如下图所示，正因果箭表明原因变量 A 的变化引起结果变量 B 发生同向变化，负因果箭则表示原因和结果之间呈现反向变化（见图 5-2）。

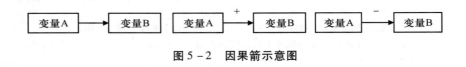

图 5-2　因果箭示意图

因果关系链。变量之间的因果关系具备递推性质，若变量 B 是变量 A 的结果，变量 C 是变量 B 的结果，则变量 A 成为变量 C 的结果。这些变量之间以因果箭来表征变量之间的因果关系，形成了因果链。因果链也有正负之分，若因果链中的负因果箭个数为奇数，则因果链为负极性，若因果链中负因果箭个数为偶数，则表示因果链为正极性（见图 5-3）。

图 5 - 3　正负因果链示意图

因果关系反馈回路。因果关系链中变量之间的因果关系是互动往复的，新的原因变量反馈作用到原因上产生新的结果，这种由多个因果关系链建立的相互联系、相互作用的闭合回路，就是因果关系反馈回路。反馈回路中原因与结果是相对的，应具体问题具体分析。反馈回路也分为正向极性和负向极性，判断依据与因果链正负极性一致，但正负反馈回路具有特殊的含义。若反馈回路中负极性因果关系链个数为偶数表现为正反馈回路，代表由原始要素 A 在正向（或负向）递推作用下，其属性秉承原始变化趋势同向发展，呈现自我增长、自我强化（或衰退、弱化）状态。若反馈回路中负极性因果关系链个数为奇数，表现为负反馈回路，代表反馈回路原因与结果要素之间呈现负方向发展，要素之间具有自我调整性，能够促使研究对象寻求特定目标的行为。

2. 流图

流图是运用图形、符号、文字组成的结构关系图，用于全面描述、直观表达系统要素的性质和反馈关系，主要包括决策变量、状态变量、辅助变量和常量等变量要素以及物质链、信息链等关联要素两大元件结构要素。

状态变量（Level），又称为水平变量、流位变量、积量变量，是系统的核心，用于描述在特定时期内系统变量从开始时段到特定时段的物质流或信息流的动态累积过程，其现实值是原有值与改变量之和。状态变量一般用矩形符号来表达，输入流是从外引出指向状态变量的实线箭头，输出流是从状态变量引出向外的实线箭头。

决策变量（Rate），又称为流率变量、速率变量，反映系统要素在一定时间范围内的决策幅度或变化速度，在数学上反映导数的概念。决策变量值取决于某个时刻以一个或若干个方程而得的信息反馈决策，往往采用平均速率来表示，如出生率、死亡率。

辅助变量（Auxiliary），是从信息源到决策行为过程中能够辅助信息反馈决策的变量，用于描述速率变量和水平变量之间的相互关系，是速率变量和水平变量信息相通的桥梁。当速率变量的表达式相对较复杂时，可以采用辅助变量来简化表达式，一般用圆圈符号表示。

常量（Constant），是在一定时间范围内相对稳定或不发生改变的参数，可以直接输入或通过辅助变量输入给速率变量，一般为系统的局部目标或标准。

3. 结构方程

结构方程是反映系统变量之间关系的数学关系式。变量性质不同，其变量方程则有所差异，分别用状态方程、决策方程、辅助方程和常量方程来表达状态变量、速率变量和辅助变量。

4. 函数

系统动力学模型中较为常用的函数包括以下几种：

表（INTEG）函数：INTEG $\{(X)\}$ 表示水平变量的值。其数值的计算公式为：

$L = L_0 + (R_1 - R_2) \times DT$。其中，$L$ 表示状态变量的当前值，L_0 表示前期积累值或者水平变量的初始值，R_1、R_2 分别为输入速率、输出速率，DT 为时间间隔。

随机函数：TEST = RANDOM UNIFORM（$\{min\}$，$\{max\}$，$\{seed\}$）。其中 min 表示最小值，max 表示最大值，seed 表示函数产生分布所依赖的种子。

物质延迟函数：$R_2 = DELAY \, n \, (R_1，DT)$，$n$ 表示延迟阶数，这里采用一阶延迟函数，即 $n = 1$；DT 为平均延迟时间[①]。

---

① 程严晖：《基于系统动力学的连锁超市配送效率研究》，硕士学位论文，北京物资学院，2011 年。

（二）系统动力学模型的特征

系统动力学模型是由各种时间滞后性差分方程构成的模型，是一种模拟现实和未来状况的建模方法，具备处理非线性、多反馈、多变量、时间滞延、动态复杂问题的能力。与其他方法相比，系统动力学模型是利用系统方法论为指导，围绕"系统思考"核心方法，注重整体、系统、发展和辩证的观点，重视分析系统和外部环境之间、系统内部各要素之间的相互作用和影响的关系，在研究、解决和处理社会经济复杂问题等方面发挥了重要作用，具有以下特征：

（1）动态性和变化性。系统动力学模型是动态变化的，呈现出时间延迟和摆动特征，所包含变量在不同的时间节点和发展周期具有不同的数值，任何系统要素发生改变，系统所要描述的特征值、系统决策模式也会有所改变。系统模型不仅要关注历史决策行为，分析问题产生的缘由，以调控目前系统现状，同时也应该仿真预测将来发展变化趋势。鉴于这种特点，系统动力学通过这种因果反馈机制，设定模拟时间长度，解决短周期（4年左右）、中长周期（15年左右）、长周期（40年以上）的周期性和长期性的问题。

（2）复杂性和闭环性。系统动力学模型变量较多，变量之间、子系统和主系统之间以及系统内外环境系统之间的关系复杂，通过数学模型和结构模型可以表达复杂性的社会、经济和环境问题。系统动力学认识、解决问题始终围绕闭环的思想，通过分析模型要素之间的反馈环路结构，建立反馈关系图，描述正反馈关系或者负反馈关系，使系统要素之间建立封闭完整的环路结构，有利于完整的表达系统特征①（见图5－4）。

---

① 张磊：《基于系统动力学的供应链供应商管理库存研究》，硕士学位论文，西安交通大学，2012年。

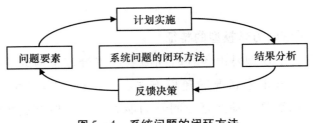

图 5 - 4　系统问题的闭环方法

（3）适用性和可操作性。系统动力学模型是在建立反馈环的基础上，构建要素关系所形成的多重反馈系统，对数据资料要求不高，适用于处理数据资料不充足的研究对象。并且能够结合定性和定量研究方法，对研究对象进行模拟仿真试验，比较分析不同方案的研究成果，探讨系统问题的本质根源与寻找现实问题的解决方案，可操作性较强。特别是对于缺乏统计数据的旅游环境承载力研究，利用系统动力学方法，建立结构方程，进行现状和预测分析，开展预警研究，具有重要的现实意义①。

（三）系统动力学模型的软件

计算机软件是系统动力学模型进行模拟、运作不可或缺的基本载体。系统动力学发展初期，美国学者普夫（Alexander Pugh L）设计了专用仿真语言，利用计算机技术构建了 DYNAMO1 仿真软件。20世纪 80 年代，又产生可在微机上运行的 Micro DYNAMO 软件和在DOS 操作系统上运行的 PD PIUS 软件，以及在 Windows 操作平台运行的 Vensim、Stella、Ithink、Powersim 等操作软件（见表 5 - 1）。这些软件均能够提供开展系统动态模拟的运作平台，为系统要素因果关系图、流图、函数关系式和要素方程的建立提供便利、快捷的操作界面，便于使用者输入数据资料和输出结果等。

Vensim 软件由美国 Ventanta 公司所研发，是一种能够动态仿真、

---

① 杨书娟：《基于系统动力学的水资源承载力模拟研究——以贵州省为例》，硕士学位论文，贵州师范大学，2005 年。

模拟分析、真实检验的系统软件。该软件简单灵活，兼容性较强，便于用户绘制流程图、构建图示化方程和参数、模拟系统发展变化状况以及检验系统真实性，并且能够提供结果树分析、反馈环列表分析、原因树分析、数据值及曲线图分析等多种分析方法，有利于分析各变量之间的输入与输出关系，因而这里采用该软件作为旅游环境承载力预警 SD 模型的操作软件①。

表 5 - 1　系统动力学常用软件

软件名称	公司名称	国家	主要功能
Vensim	Ventanta Systems，Inc.	美国	Vensim PLE 适用于个人模拟学习；Vensim Plus 用于公司仿真；Vensim DSS 用于专业研究人员仿真
Ithink	Isee systems，Inc.	美国	用于商业仿真，善于发现风险，为企业用户决策提供依据
Stella			为教育机构的教育学家和研究人员服务
Powersim	Powersim corporation	挪威	以商业客户为主要服务对象，专门用于仿真电动机控制、数字控制和联结模型

（四）系统动力学模型的建模步骤

系统动力学是通过文字、符号、图标、数学公式等方式描述系统要素本质属性，需要遵循目标确定、系统辨识、结构分析、方程建立、仿真模拟和模型评估的基本建模步骤②，进行反复修正和多次模拟。

（1）目标明确。这是构建模型的首要步骤，主要是通过调查相关资料和现实发展状况，明确建模的目标、所要研究的对象和所要解决

---

① 付洪利：《名山旅游地生命周期系统动力学模型应用研究——以峨眉山旅游地为例》，硕士学位论文，四川师范大学，2007 年。

② 杨秀杰：《区域生态安全承载力的系统动力学研究——以重庆市云阳县为例》，硕士学位论文，四川大学，2005 年。

的问题。

（2）系统辨识。主要是确定研究范围，分析主要矛盾、影响要素，确定内生、外生变量及相关变量，划分系统边界。

（3）结构分析。根据辨识结果，确定子系统和主系统关键要素，建立系统整体和局部之间的因果反馈机制，构建因果关系链、反馈回路结构图和流图，定义状态变量 Level、速率变量 Rate、辅助变量 Auxiliary、常量 Constant 等相关变量，分析系统变量之间的因果关系、反馈回路之间的反馈关系，确定系统主要变量和主回路，绘制因果关系流图。

（4）方程建立。就是利用计算机仿真模拟的流程图和方程式表达因果关系图，将概念性的构思转化成规范的语言和关系式。这里主要利用 DYNAMO 语言，构建状态变量方程、速率方程、辅助方程、常数方程和初值方程等，确定并估计参数，并为所有初值方程、常数方程和表函数赋值。

（5）仿真模拟。根据所建立的方程模型利用 Vensim 软件进行模拟，比较分析模型的运行结果与假设是否匹配，如若不匹配，则需修正假设或模型直至两者相匹配。比较不同政策方案模拟结果，寻找最优方式方法来解决问题，并根据结果发现新的问题与矛盾，不断修正和优化模型结构及相关参数。

（6）模型评估。通过真实性、有效性、可信度、灵敏度分析等手段，对模型结构、行为、参数、数据和量纲的一致性进行检验与评估。

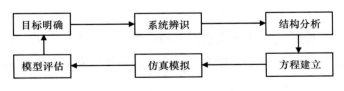

图 5 - 5　系统动力学的建模步骤

三 我国沿海地区旅游环境承载力
预警模型的建立

（一）系统目标及边界

1. 建模目标

旅游环境承载力代表区域旅游业发展能力和发展空间，只有旅游环境承载力位于合理阈值范围内，旅游业可持续发展程度就越好，旅游产业对区域经济的贡献作用逐渐增强。然而，从旅游发展状况来看，沿海地区旅游产业发展速度较快，对区域环境造成诸多负面影响，出现局部超载现象，区域旅游生态环境面临环境危机。目前，旅游业正处于向质量效益型转变的关键时期，提升旅游环境质量和效益，保护旅游资源，增强区域旅游环境承载能力，成为这一时期的重要任务。因此，这里尝试构建系统动力学模型，综合运用定性、定量方法，构建旅游环境承载力预警预测模型，建立旅游资源环境、旅游生态环境、旅游经济环境和旅游社会环境预警系统之间的逻辑关系及内部反馈机制，对沿海地区旅游环境承载力进行动态仿真，全面了解沿海地区旅游环境承载力预警系统的运行机制，模拟2004—2025年旅游环境承载力的发展趋势及其警度状态。同时，根据预警评价结果，深入探讨旅游环境承载力调控方法或预防措施，分析不同调控方案下的警情状态，寻找主要影响因素，得出合理的区域旅游可持续发展策略。下面将分别构建各子系统的变量集合、因果反馈关系图、流图和系统方程，为预警评价奠定理论基础。

2. 系统边界

系统动力学认为系统是由相互作用、相互区别的部分有效组合起来，围绕系统目标而完成特定功能的集合体。它是一个相对的概念，系统确定之后，首先应当划分系统边界，以保障针对系统开展深入研究。其次确定系统内生变量和外生变量。系统边界的确定，应当面向研究目的、面向问题和面向研究对象，尽量缩小系统边界，突出主要变量，在维持高可信度的基础上，将所研究的系统要素构造成系统动力学模型，借助计算机模拟技术进行仿真，从整体上确切地反映系统实际状况①。本书主要围绕旅游环境承载力预警系统内部以及与区域环境的互动机理，为区域旅游环境承载力预警调控提供理论依据。

根据旅游业发展基础环境以及旅游环境承载力预警系统要素分析，可以发现旅游环境承载力预警系统具有动态性和变化性特征，受到多方面因素的影响，各子系统内部要素之间、各子系统之间呈现出相互影响、相互作用的特征，而这种影响作用有正负之分，亦有强弱之别，因而深入分析各子系统之间的相关关系是进行环境承载力预警仿真分析的关键。为探究这种差别和相互作用程度，现假定旅游环境承载力预警系统为具体时间范围内的封闭系统，各子系统要素之间的相互作用会影响各子系统的发展状态，最终会影响旅游环境承载力预警综合指数。

旅游环境承载力预警系统分为旅游资源环境承载力系统、旅游生态环境承载力系统、旅游经济环境承载力系统和旅游社会环境承载力系统四个子系统，共建立了 50 个评价指标，各指标权重系数不同，表明指标对于系统的影响程度有所差异，权重系数越高，那么指标对于系统的表征效果和影响程度越高，这里首先根据指标权重，确定各子系统的主要指标作为相关要素。旅游资源环境承载力系统中旅游资源地理集中度权重系数最高，数值为 0.03677；旅游生态环境承载力系统中国家自然保护区面积比例的权重系数最高，达到 0.03592；旅游经济环境承载力系统中旅游产业区位熵权重系数最大，为 0.03931；旅游社会环境承载力系统中旅游就业贡献率权重系数为 0.02902，在该系统的各指标中数值最大。因此，将旅游资源地理集中度、国家自然保护区面积比例、旅游产业区位熵、旅游就业贡献率作为影响因子，并假定他们之间存在相关性。

---

① 于鹏：《基于系统动力学的中原城市群物流产业发展对策研究》，硕士学位论文，郑州大学，2010 年。

　　回归模型是分析影响要素之间相关关系的常用模型，包括线性回归与非线性回归，其中针对影响要素的模型主要有线性回归模型。具体公式为：

$$Y = a + bX_1 + cX_2 + dX_3 + \cdots + mX_n \tag{5-4}$$

　　其中，Y 为因变量，X_n 为自变量，a，b，$\cdots$ m 是回归方程的参数。这里主要运用 SPSS 软件中的线性回归分析模型，建立要素之间的关系式，并计算相关系数 R 值对方程结果进行检验。若相关系数 R^2 属于（0.5，0.8）范围内，则要素之间是显著相关；若处于区间（0.8，1），且概率 P 值小于 0.5，表明要素之间是高度相关，此时可以采用直线拟合。

　　（1）旅游经济环境承载力系统回归分析

　　旅游经济环境承载力首先受到旅游资源系统的影响，旅游资源的开发规模关系到区域旅游吸引力和市场开发潜力，旅游资源数量与旅游人数、旅游收入之间存在线性相关性，旅游资源规模越大，游客人次和旅游收入越高[①]。其次区域生态环境是进行旅游活动的重要场所，旅游生态环境越好，越有利于推动旅游客源市场的扩大，另外，社区参与积极性也对旅游经济发展产生影响，社区可支配收入越高居民就业率越高，参与旅游业的积极性越强，那么旅游服务质量和旅游市场也会随之提升。基于 2004—2011 年指标数据，运用回归分析法，建立旅游资源地理集中度（LYZYJJD）、国家自然保护区面积比例（GJZRBHQBL）、旅游就业贡献率（LYJYGXL）与旅游产业区位熵（LYCYQWS）之间的关系式：

　　LYCYQWS = 0.253 + 0.032 * LYZYJJD + 0.09 * LYJYGXL + 0.06 * GJZRBHQBL

　　$R^2 = 0.854 > 0.8$，$P = 0.038 < 0.05$

　　结果表明，方程要素之间拟合度和显著性较好，表明旅游资源地理集中度、旅游就业贡献率和国家自然保护区是影响旅游产业区位熵

　　[①] 董红梅、赵景波：《中国高等级旅游资源数量与旅游人数、旅游收入的关系研究》，《干旱区资源与环境》2011 年第 2 期。

的重要因素。

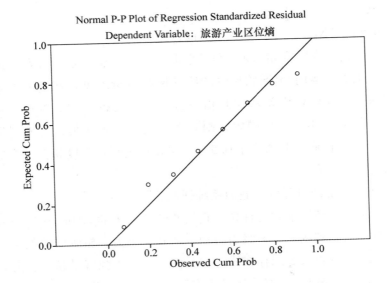

图 5 - 6　旅游产业区位熵影响要素回归分析图

（2）旅游资源环境承载力系统回归分析

旅游资源的开发规模和质量主要受到区域生态环境、社会环境和旅游经济实力的影响，因而这里主要探讨旅游产业区位熵、旅游就业贡献率、国家自然保护区面积比例对旅游资源地理集中度的影响。具体关系式如下：

$LYZYDLJZD = 25.603 * LYCYQWS - 2.861 * LYJYGXL - 1.649 * GJJZRBHQBL - 6.277$

$R^2 = 0.972 > 0.8$，$P = 0.001 < 0.05$

结果表明，旅游资源环境与旅游经济呈现正比例关系，与旅游生态和旅游社会环境呈现反比例关系。旅游产业区位熵的提高增加旅游景区开发投资和旅游资源保护投资，推动旅游资源规模的扩大和利用效率的提高；但是自然保护区建设会限制旅游开发活动，对于旅游资源的开发建设起到抑制作用；区域人文环境是旅游资源的重要组成部

分，旅游就业率的提高会增加务工人员，旅游景区景点的人文气息将
会减弱，也会降低旅游资源的吸引力。

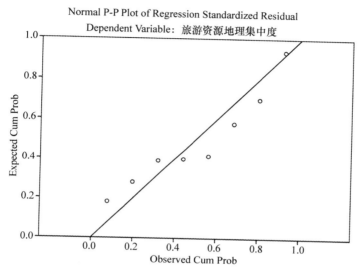

图 5 - 7　旅游资源地理集中度影响要素回归分析图

（3）旅游生态环境承载力系统回归分析

旅游生态环境承载力是区域旅游业发展的基础生态条件，良好
的空气质量、水质和环境保护情况有利于提高区域环境自净能力和
承载能力，旅游业其他三大系统对于旅游生态环境均存在一定影
响，相互之间存在一定相关性，下面将具体探讨旅游产业区位熵、
旅游资源地理集中度、旅游就业率对国家自然保护区的影响，方程
式如下：

$$GJZRBHQBL = 11.439 * LYCYQWS - 0.399 * LYZYDLJZD - 0.923 * LYJYGXL$$

$R^2 = 0.862 > 0.8$，$P = 0.034 < 0.5$

结果表明，国家自然保护区面积比例与旅游产业区位熵成正比例
关系，与旅游资源地理集中度和旅游就业贡献率成反比例关系，表明
区域旅游产业的发展有利于增加区域经济收入，在一定程度上会促进

生态环境保护投入，但是旅游资源的开发将会占用自然保护空间，对土地资源造成一定影响，更应该以保护资源作为旅游开发的前提条件，而且旅游就业率的提高说明旅游产业规模的提升，促使农村剩余劳动力转移到城市，城市化进程不断加快，将会增加环境的人口承载压力。

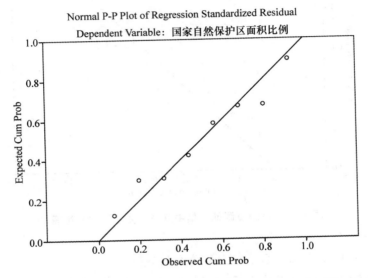

图 5 - 8　国家自然保护区面积比例影响要素回归分析图

（4）旅游社会环境承载力系统回归分析

旅游社会环境承载力主要体现在旅游就业贡献程度，容易受到旅游经济发展状况和资源开发程度的影响，这里主要分析旅游资源地理集中度、旅游产业区位熵、国家自然保护区面积比例对旅游就业贡献率的影响，公式如下：

LYJYGXL = 7. 68 * LYCYQWS – 0. 310 * LYZYDLJZD – 0. 413 * GJJZRBHQBL – 1. 862

$R^2 = 0.949 > 0.8$，$P = 0.005 < 0.5$

结果表明，旅游就业贡献率与旅游产业区位熵、国家自然保护区面积比例和旅游资源地理集中度具有显著相关性，并且旅游产业的发展有利于推动旅游就业率的提升，但是旅游资源开发地理集中度越高对于旅游就业的贡献程度会产生负向作用，这主要是由于旅游资源集聚发展会产生共享效应，旅游人力资源利用程度提高，在一定程度上会降低从业人员规模；并且国家自然保护区面积比例越高，旅游景区开发空间就会缩小，影响旅游吸引力，缩减旅游发展规模，从而降低旅游就业人数。

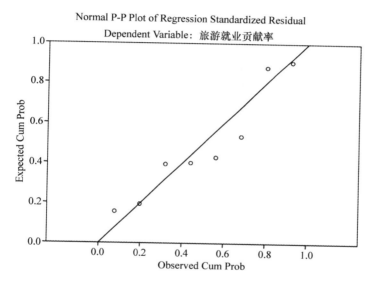

图 5-9 旅游就业贡献率影响要素回归分析

综上所述，旅游环境承载力各子系统之间的关系密切，旅游资源环境承载力与旅游生态环境承载力、旅游经济环境承载力之间呈现相互促进的作用，旅游生态环境承载力与旅游社会环境承载力、旅游经济环境承载力之间相互影响，旅游社会环境承载力对旅游经济环境承载力、旅游资源环境承载力有单向促进作用，这四者之间的相互关系形成了旅游环境承载力系统的内部关系网，为绘制因果关系流程图提供依据。

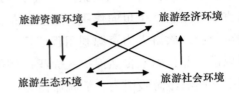

图 5 - 10　旅游环境承载力预警子系统关系图

（二）因果关系反馈图

绘制因果关系反馈图是开展系统动力学仿真的关键环节。根据旅游环境承载力系统要素、系统边界以及各系统之间的反馈关系，5 条正反馈回路 1 条负反馈回路共 6 条主要反馈回路，绘制旅游环境承载力预警系统 SD 因果关系图（见图 5 - 11）：

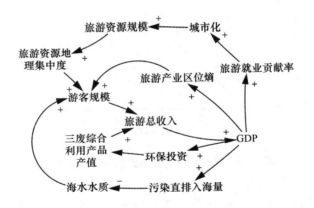

正反馈回路 1：

正反馈回路 2：

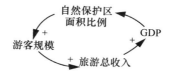

正反馈回路 3：

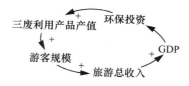

正反馈回路 4：

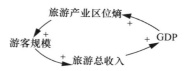

正反馈回路 5：

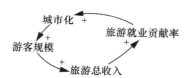

负反馈回路 1：

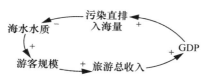

图 5 - 11　旅游环境承载力因果关系反馈图及其反馈回路

（三）变量方程与检验

　　旅游环境承载力预警 SD 模型是相对封闭的系统，明确系统建模目的、评价指标体系和系统影响要素之后，应根据沿海地区旅游业发展现实状况和旅游环境承载力现状来进一步划分系统边界，并确定水平变量、速率变量、辅助变量、常量，绘制流程图，然后编写方程式，这是针对沿海地区开展旅游环境承载力预警评价实证研究的前提。

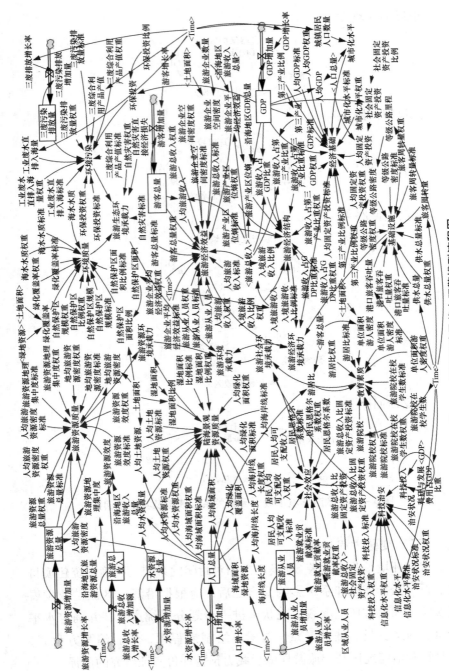

图 5-12 旅游环境承载力预警模型流程图

1. 旅游环境承载力预警分析变量

根据系统要素之间的关系及影响机理，结合数据的可获取性，确定 8 个状态变量、8 个速率变量、66 个辅助变量和 113 个常量。

表 5 - 2　系统动力学仿真模型变量

状态变量（8 个）		
旅游资源总量	水资源总量	人口总量
旅游总收入	旅游从业人员	三废污染排放量
游客总量	GDP	
速率变量（8 个）		
旅游资源增加量	水资源增加量	人口增加量
旅游总收入增加额	旅游从业人员增加量	三废污染排放增加量
游客增加量	GDP 增加量	
辅助变量（66 个）		
旅游资源环境承载力	地均旅游资源密度	旅游资源地理集中度
旅游资源效度	旅游资源质量	人均水资源量
人均土地资源	人均海岸线长度	人均海域面积
湿地面积比例	人均绿化覆盖面积	陆海景观资源质量
人均旅游资源密度	旅游资源增长率	绿地面积
旅游社会环境承载力	旅游总收入比固定资产投资	社会效应
科技投入	科技治安	游居比
单位面积游人密度	教育素质	旅游就业增长率
旅游就业贡献率	水资源增长率	信息化水平
科研与发展费用占 GDP 比重	旅游院校	旅游院校在校学生数
城镇居民人口	人口增长率	等级公路里程
港口旅客周转量	供水总量	旅客周转量
旅游生态环境承载力	自然保护区面积比例	自然保护区面积
环保投资	环境污染	环境质量
三废排放增长率	三废综合利用产品产值	工业废水直排入海量
旅游经济环境承载力	人均旅游收入	旅游产业区位熵
旅游企业平均经济效益	旅游企业空间密度	旅游经济效益

续表

辅助变量（66个）		
入境旅游收入比例	旅游收入占第三产业比例	旅游收入占 GDP 比例
人均固定资产投资	人均 GDP	城市化水平
第三产业产值	社会固定资产投资	经济基础
等级公路密度	基础设施	旅游收入增长率
游客增长率	旅游企业数量	GDP 增长率

常量（113个）		
人均旅游资源密度权重	旅游资源总量权重	地均旅游资源密度权重
人均旅游资源密度标准	旅游资源总量标准	地均旅游资源密度标准
沿海地区旅游资源总量	旅游资源地理集中度标准	旅游资源地理集中度权重
旅游资源效度权重	旅游资源效度标准	土地面积
人均土地资源标准	人均水资源权重	人均绿化覆盖面积标准
人均土地资源权重	人均水资源标准	人均绿化覆盖面积权重
人均海岸线长度标准	人均海域面积标准	湿地面积比例权重
人均海岸线长度权重	人均海域面积权重	湿地面积比例标准
湿地面积		
区域从业人员	旅游就业贡献率权重	旅游就业贡献率标准
社会固定资产投资	旅游总收入比固定资产投资权重	旅游总收入比固定资产投资标准
居民人均可支配收入	居民人均可支配收入权重	居民人均可支配收入标准
恩格尔系数	恩格尔系数权重	恩格尔系数标准
信息化水平权重	信息化水平标准	治安状况
治安状况权重	治安状况标准	科技投入权重
科技投入标准	旅游院校权重	旅游院校标准
游居比标准	旅游院校在校学生权重	旅游院校在校学生标准
单位面积游人密度权重	单位面积游人密度标准	游居比权重
旅客周转量权重	旅客周转量标准	
旅游从业人员权重	港口旅客周转量权重	港口旅客周转量标准
等级公路密度权重	等级公路密度标准	
海水水质	海水水质权重	海水水质标准
自然保护区规模	自然保护区规模权重	自然保护区规模标准

续表

常量（113 个）		
自然保护区面积比例权重	自然保护区面积比例标准	三废污染排放量权重
三废污染排放量标准	工业废水直排入海量权重	工业废水直排入海量标准
三废综合利用产品产值权重	三废综合利用产品产值标准	环保投资标准
环保投资比例	环保投资权重	自然灾害直接经济损失
自然灾害权重	自然灾害标准	游客总量标准
游客总量权重	旅游总收入权重	旅游总收入标准
人均旅游收入权重	人均旅游收入标准	旅游产业区位熵标准
旅游产业区位熵权重	旅游企业空间密度权重	旅游企业空间密度标准
旅游企业平均经济效益权重	旅游企业平均经济效益标准	沿海地区 GDP 总量
旅游总收入占 GDP 比重权重	旅游总收入占 GDP 比重标准	旅游总收入占第三产业比重权重
旅游总收入占第三产业比重标准	入境旅游收入比例权重	入境旅游收入比例标准
旅游经济结构	第三产业比例	第三产业比例权重
第三产业比例标准	人均固定资产投资权重	人均固定资产投资标准
GDP 权重	GDP 标准	人均 GDP 权重
人均 GDP 标准	城市化水平标准	城市化水平权重
社会固定资产投资比例	经济基础	沿海地区旅游收入总量

2. 旅游环境承载力预警系统主要方程

第一，旅游资源环境承载力预警子系统方程。

（1） initial time = 2004

Units：Year

（2） final time = 2025

Units：Year

（3） time step = 1

（4） 人口总量 = INTEG（人口增加量，初始值）

Units：万人

（5） 人口增加量 = 人口增长率 * 人口总量

Units：万人

（6）旅游资源总量 = INTEG（旅游资源增加量，初始值）

Units：个

（7）旅游资源增加量 = 旅游资源增长率 * 旅游资源总量

Units：个

（8）旅游总收入 = INTEG（旅游总收入增加额，初始值）

Units：亿元

（9）旅游总收入增加额 = 旅游总收入增长率 * 旅游总收入

Units：亿元

（10）水资源总量 = INTEG（水资源增加量，初始值）

Units：亿立方米

（11）水资源增加量 = 水资源增长率 * 水资源总量

Units：亿立方米

（12）人均旅游资源密度 = 旅游资源总量/人口总量

Units：个/万人

（13）地均旅游资源密度 = 旅游资源总量/土地面积

Units：个/平方公里

（14）旅游资源地理集中度 = 旅游资源总量/沿海地区旅游资源总量

（15）旅游资源效度 = （旅游资源总量/沿海地区旅游资源总量）/（旅游总收入/沿海地区旅游总收入）

（16）旅游资源质量 = SQRT（（旅游资源总量 * 旅游资源总量权重/旅游资源总量标准） * （旅游资源总量 * 旅游资源总量权重/旅游资源总量标准）+（人均旅游资源密度 * 人均旅游资源密度权重/人均旅游资源密度标准） * （人均旅游资源密度 * 人均旅游资源密度权重/人均旅游资源密度标准）+（地均旅游资源密度 * 地均旅游资源密度权重/地均旅游资源密度标准） * （地均旅游资源密度 * 地均旅游资源密度权重/地均旅游资源密度标准）+（旅游资源地理集中度 * 旅游资源地理集中度权重/旅游资源地理集中度标准） * （旅游资源地理集中度 * 旅游资源地理集中度权重/旅游资源地理集中度标准）+（旅游资源效度 * 旅游效度总量权重/旅游效度总量标准） *

（旅游资源效度＊旅游效度总量权重/旅游效度总量标准））

（17）人均水资源量＝水资源总量/人口总量

Units：亿立方米/万人

（18）人均土地资源＝土地面积/人口总量

Units：平方公里/万人

（19）人均绿化覆盖面积＝绿化覆盖面积/人口总量

Units：平方公里/万人

（20）湿地面积比例＝湿地面积/土地面积

（21）人均海域面积＝海域面积/人口总量

Units：平方公里/万人

（22）人均海岸线长度＝海岸线长度/人口总量

Units：公里/万人

（23）陆海景观资源质量＝SQRT（（人均水资源量＊人均水资源量权重/人均水资源量标准）＊（人均水资源量＊人均水资源量权重/人均水资源量标准）＋（人均土地资源＊人均土地资源权重/人均土地资源标准）＊（人均土地资源＊人均土地资源权重/人均土地资源标准）＋（人均绿化覆盖面积＊人均绿化覆盖面积权重/人均绿化覆盖面积标准）＊（人均绿化覆盖面积＊人均绿化覆盖面积权重/人均绿化覆盖面积标准）＋（湿地面积比例＊湿地面积比例权重/湿地面积比例标准）＊（湿地面积比例＊湿地面积比例权重/湿地面积比例标准））

（24）旅游资源环境承载力＝SQRT（旅游资源质量＊旅游资源质量＋陆域景观资源质量＊陆域景观资源质量）

第二，旅游生态环境承载力预警子系统方程。

（25）工业三废污染排放量＝INTEG（三废污染排放增加量，初始值）

Units：千克

（26）三废污染排放增加量＝工业三废污染排放量＊工业三废污染增加率

（27）环保投资＝环保投资比例＊GDP

Units：亿元

（28）环境污染＝SQRT（（三废污染排放量标准＊三废污染排放量权重/三废污染排放量）＊（三废污染排放量标准＊三废污染排放量权重/三废污染排放量）＋（工业废水直排入海量标准＊工业废水直排入海量权重/工业废水直排入海量）＊（工业废水直排入海量标准＊工业废水直排入海量权重/工业废水直排入海量）＋（三废综合利用产品产值＊三废综合利用产品产值权重/三废综合利用产品产值标准）＊（三废综合利用产品产值＊三废综合利用产品产值权重/三废综合利用产品产值标准）＋（环保投资＊环保投资权重/环保投资标准）＊（环保投资＊环保投资权重/环保投资标准））

（29）国家自然保护区面积比例＝国家自然保护区面积/土地面积

（30）建成区绿化覆盖率＝绿地面积/土地面积

（31）环境质量＝SQRT（（海水水质＊海水水质权重/海水水质标准）＊（海水水质＊海水水质权重/海水水质标准）＋（国家自然保护区规模＊国家自然保护区规模权重/国家自然保护区规模标准）＊（国家自然保护区规模＊国家自然保护区规模权重/国家自然保护区规模标准）＋（国家自然保护区面积比例＊国家自然保护区面积比例权重/国家自然保护区面积比例标准）＊（国家自然保护区面积比例＊国家自然保护区面积比例权重/国家自然保护区面积比例标准）＋（建成区绿化覆盖面积＊建成区绿化覆盖面积标准/建成区绿化覆盖面积权重）＊（建成区绿化覆盖面积＊建成区绿化覆盖面积标准/建成区绿化覆盖面积权重））

（32）环境灾害＝自然灾害直接经济损失标准＊自然灾害直接经济损失权重/自然灾害直接经济损失

（33）旅游生态环境承载力预警子系统＝SQRT（环境污染＊环境污染＋环境质量＊环境质量＋环境灾害＊环境灾害）

第三，旅游经济环境承载力预警子系统方程。

（34）游客总量＝INTEG（游客增加量，初始值）

Units：万人次

（35）游客增加量＝游客增长率＊游客总量

（36）GDP = INTEG（GDP 增长量，初始值）

Units：亿元

（37）GDP 增长率 = with lookup（Time）

（38）GDP 增加量 = GDP 增长率 ∗ GDP

（39）人均旅游总收入 = 旅游总收入/人口总量

Units：亿元/万人次

（40）旅游企业空间密度 = 旅游企业规模/土地面积

Units：个/平方公里

（41）旅游企业平均经济效益 = 旅游总收入/旅游企业规模

（42）旅游从业人员 = INTEG（旅游从业人员增加量，初始值）

（43）旅游从业人员增加量 = 旅游从业人员增长率 ∗ 旅游从业人员

（44）旅游经济效益 = SQRT（（旅游总收入 ∗ 旅游总收入权重/旅游总收入标准）∗（旅游总收入 ∗ 旅游总收入权重/旅游总收入标准）+（人均旅游总收入 ∗ 人均旅游总收入权重/人均旅游总收入标准）∗（人均旅游总收入 ∗ 人均旅游总收入权重/人均旅游总收入标准）+（游客规模 ∗ 游客规模权重/游客规模标准）∗（游客规模 ∗ 游客规模权重/游客规模标准）+（旅游企业空间密度 ∗ 旅游企业空间密度权重/旅游企业空间密度标准）∗（旅游企业空间密度 ∗ 旅游企业空间密度权重/旅游企业空间密度标准）+（旅游企业平均经济效益 ∗ 旅游企业平均经济效益权重/旅游企业平均经济效益标准）∗（旅游企业平均经济效益 ∗ 旅游企业平均经济效益权重/旅游企业平均经济效益标准）+（旅游从业人员 ∗ 旅游从业人员权重/旅游从业人员标准）∗（旅游从业人员 ∗ 旅游从业人员权重/旅游从业人员标准））

（45）旅游总收入占 GDP 比重 = 旅游总收入/GDP

（46）入境旅游收入比重 = 入境旅游收入/旅游总收入

（47）旅游产业区位熵 =（旅游总收入/沿海地区旅游收入总量）/（GDP/沿海地区 GDP 总量）

（48）旅游收入占第三产业比重 = 旅游总收入/第三产业

（49）第三产业＝第三产业比例＊GDP

（50）旅游经济结构＝SQRT（（旅游收入占 GDP 比重＊旅游收入占 GDP 比重权重/旅游收入占 GDP 比重标准）＊（旅游收入占 GDP 比重＊旅游收入占 GDP 比重权重/旅游收入占 GDP 比重标准）＋（旅游收入占第三产业比重＊旅游收入占第三产业比重权重/旅游收入占第三产业比重标准）＊（旅游收入占第三产业比重＊旅游收入占第三产业比重权重/旅游收入占第三产业比重标准）＋（入境旅游收入比例＊入境旅游收入比例权重/入境旅游收入比例标准）＊（入境旅游收入比例＊入境旅游收入比例权重/入境旅游收入比例标准）＋（旅游产业区位熵＊旅游产业区位熵权重/旅游产业区位熵标准）＊（旅游产业区位熵＊旅游产业区位熵权重/旅游产业区位熵标准））

（51）等级公路密度＝等级公路长度/土地面积

Units：千米/平方公里

（52）基础设施＝SQRT（（供水能力＊供水能力标准/供水能力权重）＊（供水能力＊供水能力标准/供水能力权重）＋（等级公路密度＊等级公路密度权重/等级公路密度标准）＋（旅客周转量＊旅客周转量权重/旅客周转量标准）＊（旅客周转量＊旅客周转量权重/旅客周转量标准）＋（港口旅客吞吐量＊港口旅客吞吐量权重/港口旅客吞吐量标准）＊（港口旅客吞吐量＊港口旅客吞吐量权重/港口旅客吞吐量标准））

（53）人均 GDP＝GDP/人口总量

（54）城市化水平＝城镇人口/人口总量

（55）人均社会固定资产投资＝社会固定资产投资/人口总量

（56）经济基础＝SQRT（（GDP 总量＊GDP 总量权重/ GDP 总量标准）＊（GDP 总量＊GDP 总量权重/ GDP 总量标准）＋（人均 GDP＊人均 GDP 权重/人均 GDP 标准）＊（人均 GDP＊人均 GDP 权重/人均 GDP 标准）＋（第三产业比例＊第三产业比例权重/第三产业比例标准）＊（第三产业比例＊第三产业比例权重/第三产业比例标准）＋（城市化水平＊城市化水平权重/城市化水平标准）＋（人均社会固定资产投资＊人均社会固定资产投资权重/人均社会固定资

产投资标准）＊（人均社会固定资产投资＊人均社会固定资产投资权重/人均社会固定资产投资标准））

（57）旅游经济环境承载力＝SQRT（旅游经济效益＊旅游经济效益＋旅游经济结构＊旅游经济结构＋基础设施＊基础设施＋经济基础＊经济基础）

第四，旅游社会环境承载力预警子系统方程。

（58）游居比＝游客总量/人口总量

（59）单位面积游人密度＝游客总量/土地面积

（60）教育素质＝SQRT（（旅游院校数量＊旅游院校数量权重/旅游院校数量标准）＊（旅游院校数量＊旅游院校数量权重/旅游院校数量标准）＋（旅游院校在校学生数＊旅游院校在校学生数权重/旅游院校在校学生数标准）＊（旅游院校在校学生数＊旅游院校在校学生数权重/旅游院校在校学生数标准）＋（游居比标准＊游居比权重/游居比）＊（游居比标准＊游居比权重/游居比）＋（单位面积游人密度标准＊单位面积游人密度权重/单位面积游人密度）＊（单位面积游人密度标准＊单位面积游人密度权重/单位面积游人密度））

（61）旅游就业贡献率＝旅游从业人员/区域从业人员

（62）旅游总收入占区域固定资产投资比例＝旅游总收入/社会固定资产投资

（63）社会效应＝SQRT（（旅游就业贡献率＊旅游就业贡献率权重/旅游就业贡献率标准）＊（旅游就业贡献率＊旅游就业贡献率权重/旅游就业贡献率标准）＋（旅游总收入占社会固定资产投资比例＊旅游总收入占社会固定资产投资比例权重/旅游总收入占社会固定资产投资比例标准）＊（旅游总收入占社会固定资产投资比例＊旅游总收入占社会固定资产投资比例权重/旅游总收入占社会固定资产投资比例标准）＋（居民人均可支配收入＊居民人均可支配收入权重/居民人均可支配收入标准）＊（居民人均可支配收入＊居民人均可支配收入权重/居民人均可支配收入标准）＋（居民恩格尔系数＊居民恩格尔系数权重/居民恩格尔系数标准）＊（居民恩格尔系

数＊居民恩格尔系数权重/居民恩格尔系数标准））

（64）科技投入＝科研与发展费用占 GDP 比重＊GDP

（65）科技治安＝SQRT（（科技投入＊科技投入权重/科技投入标准）＊（科技投入＊科技投入权重/科技投入标准）＋（信息化水平＊信息化水平权重/信息化水平标准）＊（信息化水平＊信息化水平权重/信息化水平标准）＋（治安状况标准＊治安状况权重/治安状况）＊（治安状况标准＊治安状况权重/治安状况））

（66）旅游社会环境承载力＝SQRT（教育素质＊教育素质＋社会效应＊社会效应＋科技治安＊科技治安）

（67）旅游环境承载力＝SQRT（旅游资源环境承载力＊旅游资源环境承载力＋旅游生态环境承载力＊旅游生态环境承载力＋旅游经济环境承载力＊旅游经济环境承载力＋旅游社会环境承载力＊旅游社会环境承载力）

其中方程中各类变量的初始值根据沿海地区旅游环境承载力研究过程中的现实数值具体量化可得，变量的标准与权重则依据第四章对指标处理所得结果（详见表 5－3）。

表5－3　旅游环境承载力预警系统变量初始值

变量名称	沿海地区	天津	河北	辽宁	上海	江苏
旅游资源总量/个	255	7	30	32	15	40
旅游总收入/亿元	8858.92	519.29	350.36	570.15	1467.72	1435.78
游客总量/万人次	88213.85	3812.59	7284.77	8127.08	8890.45	14968.57
水资源总量/亿立方米	5383.9	14.3	154.2	285.7	25	204
土地面积/平方公里	1287122	11920	187693	147500	6341	102600
湿地面积/平方公里	98627	1718	10819	12196	3197	16747
绿地面积/平方公里	9569.73	180.57	526.34	789.42	281.41	1865.70
海域面积/平方公里	1564.49	10.38	71.9	322.04	0	347.9
海岸线长度/公里	24783.8	153.7	487	2920	211	954
海水水质	64.218182	50	57.1	55	7.7	86.6
GDP/亿元	94342.547	2931.88	8768.79	6872.652	7450.27	15403.165

续表

变量名称	沿海地区	天津	河北	辽宁	上海	江苏
第三产业比例	0.3990	0.4330	0.3151	0.4109	0.5499	0.3375
城镇居民人均可支配收入/元	10891.264	11467.2	7951.3	8007.6	16682.8	10481.9
城镇居民恩格尔系数	38.163636	37.2	36.8	40.4	14.4	40.4
治安状况/万元	136156.3	3273.8	7760.1	7398.9	19148.6	17655.8
人口增长率	0.0160	0.0186	0.0062	0.0009	0.0207	0.0057
人口总量/万人	52647	1024	6809	4217	1742	7433
自然灾害直接经济损失/亿元	651.9	2.9	74.9	23.1	0.5	33.8
工业三废污染排放量/千克	1.51E+13	3.68E+11	2.61E+12	1.57E+12	1.064E+12	2.146E+12
环保投资比例	0.0115	0.0146	0.0104	0.0173	0.0094	0.0133
国家自然保护区规模/个	748	9	26	82	4	25
旅游从业人员/万人	126.64	2.20	9.53	9.66	10.12	16.87
区域从业人员/万人	27502.76	421.96	3416.37	1951.60	812.30	3719.70

变量名称	浙江	福建	山东	广东	广西	海南
旅游资源总量/个	38	22	21	29	16	5
旅游总收入/亿元	1120.14	550.76	814.54	1664.24	254.94	110.99
游客总量/万人次	10876.67	4815.9	11868.31	10531.07	5635.58	1402.86
水资源总量/亿立方米	675.7	712.2	349.5	1187.7	1604.5	171.1
土地面积/平方公里	101800	121400	156724	179129	236661	35354
湿地面积/平方公里	8022	4430	17841	13981	6561	3115
绿地面积/平方公里	565.63	274.01	1086.73	3600.32	327.14	72.47
海域面积/平方公里	281.32	105.75	285.95	110.56	19.58	9.11
海岸线长度/公里	6486	3752	3024	3368.1	1500	1928
海水水质	37.8	51.4	81.6	79.2	100	100
GDP/亿元	11243	6053.14	15490.73	16039.46	3320.1	769.36
第三产业比例	0.3898	0.3644	0.3076	0.5215	0.3676	0.3921
城镇居民人均可支配收入/元	14546.4	11175.4	9437.8	13627.7	8690	7735.8

续表

变量名称	浙江	福建	山东	广东	广西	海南
城镇居民恩格尔系数	36.2	41.6	34.6	37	54.3	46.9
治安状况/万元	27853.4	9408.8	13283.3	24127.2	5427	819.4
人口增长率	0.0377	0.0068	0.0074	0.1072	−0.0468	0.0122
人口总量/万人	4720	3511	9180	8304	4889	818
自然灾害直接经济损失/亿元	251.7	54.5	121.3	17.4	69.2	2.6
工业三废污染排放量/千克	1.415E+12	6.05E+11	2.45E+12	1.51E+12	1.283E+12	7.635E+10
环保投资比例	0.0141	0.0087	0.0124	0.0070	0.0096	0.0094
国家自然保护区规模/个	49	90	70	256	69	68
旅游从业人员/万人	15.20	6.45	14.49	32.08	6.51	3.53
区域从业人员/万人	3092.01	1817.52	4939.71	4315.96	2649.11	366.53

3. 模型检验

模型检验是分析模型的真实性和有效性，关系到系统仿真结果的客观性、科学性，主要包括模型结构检验、历史数据检验和灵敏度检验。

表5-4 模型历史数据检验

指标	年份	模型仿真值	历史观测值	相对误差/%
旅游资源	2004	255	255	0
	2005	325	326	0.30675
	2006	370	371	0.26954
	2007	435	436	0.22936
	2008	435	436	0.22936
	2009	434	436	0.45872
	2010	445	446	0.22422
	2011	894	896	0.22321

续表

指标	年份	模型仿真值	历史观测值	相对误差/%
旅游总收入	2004	8858.92	8858.92	0
	2005	10558.1	10558.276	0.00167
	2006	12489.1	12489.297	0.00158
	2007	15069.4	15069.9	0.00332
	2008	16996	16996.612	0.00360
	2009	20142.8	20143.541	0.00368
	2010	24387.6	24388.478	0.00360
	2011	30550.3	30551.409	0.00363
游客总量	2004	88213	88213	0.00000
	2005	102815	102815	−0.00031
	2006	120691	120691	−0.00036
	2007	141171	141171	0.00015
	2008	157894	157894	−0.00024
	2009	182351	182351	−0.00018
	2010	255763	255763	0.00002
	2011	264196	264195	−0.00020
人口总量	2004	52647	52647	0
	2005	53730	53731	0.00186
	2006	54314	54315	0.00184
	2007	54908	54909	0.00182
	2008	55401	55400	−0.00181
	2009	55861	55862	0.0017901
	2010	56786	56788	0.00352
	2011	58071	58072	0.00172
GDP	2004	94342.5	94342.5	0
	2005	114985	114984.85	−0.00013
	2006	134802	134802.43	0.00032
	2007	161170	161170.63	0.00039
	2008	189991	189991.15	0.00008
	2009	207493	207493.03	0.00001
	2010	245944	245944.21	0.00009
	2011	289050	289050.39	0.00013

结构检验。主要是根据经验和理论知识对模型结构中的变量、边界、因果关系反馈、方程的合理性程度进行直接判断，分析模型是否能够全面反映研究对象。并运用 Vensim 软件进行仿真模拟，进行单位检测，测试方程两边单位的一致性。经过反复调试、修改后该模型量纲保持了一致，并能够正常运行，表明该模型与沿海地区旅游环境承载力系统的结构是相匹配的，该模型具有可行性。

历史数据检验。历史数据检验也是系统动力学检验的重要步骤，主要是将模型已有历史观测数据与仿真结果进行比较分析，根据误差大小判别模型的有效性。这里针对旅游资源、旅游总收入、游客总量、人口总量和 GDP 这 5 项指标，分析 2004—2011 年间模型仿真值与该时段的指标历史观测值进行比较，判断模型结构的合理性（见表 5 - 4）。由上表可以看出，变量的相对误差非常小，均在 1% 以内，模型仿真值与实际观测值基本吻合，表明模型的设计和变量的选取与处理具有合理性，模型能够针对研究对象进行较为科学、合理的仿真模拟。

灵敏度检验。主要是测试变量或参数的变化对模型的影响，通过测试模型对参数变化的敏感程度，可以发现正反馈结构的变化较负反馈的变化相对显著，但大部分参数的变化不会引起系统仿真模拟数值的大幅度变化，模型的结论基本合理，模型具有有效性。

第六章　我国沿海地区旅游环境承载力预警仿真分析

　　我国沿海地区旅游业发展对旅游业造成一系列负面影响，自然灾害现象频发，这是生态环境系统向人类发出的警告，目前，不同地区旅游环境承载力因旅游业发展水平、自然资源、生态系统等因素的不同而存在差异，旅游经济发达地区出现旅游环境承载力超载问题，给区域环境、社会带来巨大压力，而旅游资源丰富的地区旅游发展空间巨大，旅游环境承载力可塑性强。但是这种优势或劣势具有动态特征，会随着各类影响要素的改变而发生变化。因此，分析旅游环境承载力时空特征，并判别区域旅游环境承载力现实和未来警情状态，对于区域发展具有重要意义。我国沿海地区旅游业持续增长，但2003年突发的"非典"事件，对旅游业造成严重影响，旅游总收入和接待人次直线下降，为提高分析结果的动态性和客观性，这里以2004年数据为研究基础，以沿海地区为研究对象，开展从2004年至2025年的旅游环境承载力预警仿真分析。根据上文所构建的旅游环境承载力预警评价指标体系和系统动力学模型，依托《中国统计年鉴》《中国旅游统计年鉴》《中国旅游抽样调查数据》《中国旅游统计公报》《中国海洋环境质量公报》《中国环境统计年鉴》《中国近岸海域环境质量公报》获取指标数据，指标数据获取之后运用比值标准化方法将指标归一化处理，并运用均方差权重法，计算得出各指标权重，采用状态空间法、综合指数法和系统动力学方法，利用 Vensim 软件模拟仿真2004—2025年各地区旅游环境承载力预警综合指数，根据模拟结果划分预警区间，从时空角度分析旅游环境承载力预警指数的变化情况，对处于超载区间的警情状况发出警报，并针对主要影响要素提出调控方案。

一　沿海地区旅游环境承载力预警指数时序分析

运用 Vensim 软件根据所构建的系统动力学模型，模拟仿真得出沿海地区 2004—2025 年的旅游环境承载力预警及其子系统的预警指数（见图 6 - 1）。考虑到旅游环境承载力警界区间的动态性特征，为便于分析区域旅游环境承载力预警指数的现实警情状态和未来发展趋势，这里在测算区域旅游环境承载力预警系统、旅游资源环境承载力预警子系统、旅游生态环境承载力预警子系统、旅游经济环境承载力预警子系统、旅游社会环境承载力预警子系统的预警指数的基础上，分别在 2004—2011 年间和 2012—2025 年间两个时间段计算沿海地区各类旅游环境承载力系统的预警区间，包括 $[-\infty, x-2\sigma]$、$[x-2\sigma, x-\sigma]$、$[x-\sigma, x+\sigma]$、$[x+\sigma, x+2\sigma]$ 和 $[x+2\sigma, \infty]$，并将各类型预警指数的均值作为警界区间（见表 6 - 1、表 6 - 2），以此判断区域旅游环境承载力所处的预警状态。

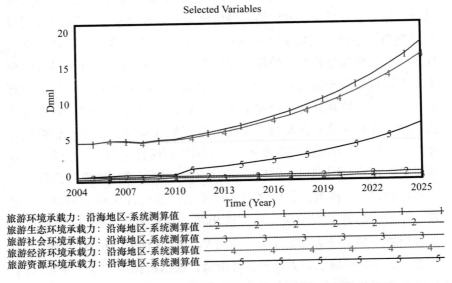

图 6 - 1　2004—2025 年沿海地区旅游环境承载力预警仿真结果

表 6 - 1　旅游环境承载力预警警界区间

警界区间	2004—2011 年				
	弱载区	成长区	健康区	适载区	超载区
旅游环境承载力	(- ∞, 4.6518]	(4.6518, 4.9046]	(4.9046, 5.4102]	(5.4102, 5.6630]	(5.6630, + ∞)
旅游生态环境承载力	(- ∞, 0.4316]	(0.4316, 0.4693]	(0.4693, 0.5448]	(0.5448, 0.5825]	(0.5825, + ∞)
旅游社会环境承载力	(- ∞, 0.1846]	(0.1846, 0.2435]	(0.2435, 0.3611]	(0.3611, 0.4199]	(0.4199, + ∞)
旅游经济环境承载力	(- ∞, 4.6453]	(4.6453, 4.8519]	(4.8519, 5.2652]	(5.2652, 5.4719]	(5.4719, + ∞)
旅游资源环境承载力	(- ∞, 0.2222]	(0.2222, 0.4985]	(0.4985, 1.0510]	(1.0510, 1.3232]	(1.3232, + ∞)
警界区间	2012—2025 年				
	弱载区	成长区	健康区	适载区	超载区
旅游环境承载力	(- ∞, 3.5633]	(3.5633, 7.0827]	(7.0827, 14.1215]	(14.1215, 17.6409]	(17.6409, + ∞)
旅游生态环境承载力	(- ∞, 0.4703]	(0.4703, 0.5914]	(0.5914, 0.8336]	(0.8336, 0.9547]	(0.9547, + ∞)
旅游社会环境承载力	(- ∞, 0.3562]	(0.3562, 0.3901]	(0.3901, 0.4576]	(0.4576, 0.4914]	(0.4914, + ∞)
旅游经济环境承载力	(- ∞, 3.5224]	(3.5224, 6.6773]	(6.6773, 12.9870]	(12.9870, 16.1418]	(16.1418, + ∞)
旅游资源环境承载力	(- ∞, 0.3406]	(0.3406, 2.0516]	(2.0516, 5.4736]	(5.4736, 7.1846]	(7.1846, + ∞)

表 6 - 2　2004—2025 年沿海地区旅游环境承载力仿真值及警界状态

年份	旅游环境承载力		旅游生态环境承载力		旅游社会环境承载力		旅游经济环境承载力		旅游资源环境承载力	
2004	4.90584	健康区	0.45241	成长区	0.21829	成长区	4.85542	健康区	0.48979	成长区
2005	4.89456	成长区	0.46020	成长区	0.23274	成长区	4.83118	成长区	0.58735	健康区
2006	5.16242	健康区	0.47827	健康区	0.27041	健康区	5.09152	健康区	0.65205	健康区
2007	5.09391	健康区	0.50471	健康区	0.27593	健康区	5.00571	健康区	0.74830	健康区
2008	4.95851	健康区	0.52575	健康区	0.31618	健康区	4.86327	健康区	0.74767	健康区

续表

年份	旅游环境承载力		旅游生态环境承载力		旅游社会环境承载力		旅游经济环境承载力		旅游资源环境承载力	
2009	5.21068	健康区	0.52704	健康区	0.34678	健康区	5.11816	健康区	0.74670	健康区
2010	5.32420	健康区	0.54400	健康区	0.38627	适载区	5.22714	健康区	0.76088	健康区
2011	5.70921	超载区	0.56421	适载区	0.37188	适载区	5.47645	超载区	1.46525	超载区
2012	6.08461	成长区	0.57234	成长区	0.37698	成长区	5.51154	成长区	1.63589	成长区
2013	6.50538	成长区	0.58194	成长区	0.38227	成长区	6.20433	成长区	1.82798	成长区
2014	6.97608	成长区	0.59325	成长区	0.38782	成长区	6.63226	成长区	2.04365	成长区
2015	7.50184	健康区	0.60658	健康区	0.39367	健康区	7.10848	健康区	2.28565	健康区
2016	8.09056	健康区	0.62433	健康区	0.40129	健康区	7.63987	健康区	2.55709	健康区
2017	8.74601	健康区	0.64468	健康区	0.40914	健康区	8.22933	健康区	2.86145	健康区
2018	9.47531	健康区	0.66802	健康区	0.41726	健康区	8.8828	健康区	3.20263	健康区
2019	10.2976	健康区	0.69477	健康区	0.425763	健康区	9.60703	健康区	3.61691	健康区
2020	11.2015	健康区	0.725378	健康区	0.434759	健康区	10.4097	健康区	4.04927	健康区
2021	12.2041	健康区	0.76147	健康区	0.44223	健康区	11.2965	健康区	4.53371	健康区
2022	13.3209	健康区	0.80239	健康区	0.450636	健康区	12.2812	健康区	5.07647	健康区
2023	14.5656	适载区	0.84869	适载区	0.46032	适载区	13.3757	适载区	5.6845	适载区
2024	15.9544	适载区	0.900981	适载区	0.471746	适载区	14.5941	适载区	6.36564	适载区
2025	17.5061	适载区	0.95992	超载区	0.485554	适载区	15.9527	适载区	7.12862	适载区

（一）旅游环境承载力预警综合指数

系统仿真结果表明，旅游环境承载力预警综合指数总体呈现逐年递增趋势，到 2025 年旅游环境承载力将达到 17.5，年均增长率达到 4.03%，旅游资源环境承载力增长最快，2025 年达到 7.13，年均增长率为 14.3%，对旅游环境承载力的发展速度影响最为直接；旅游经济环境承载力将达到 15.95，在四大系统中数值最大，年均增长率为 2.3%，发展趋势和旅游环境承载力保持一致，表明其对旅游环境承载力影响最大；旅游生态环境承载力达到 0.96，年均增长率为 9.3%，旅游社会环境承载力达到 0.49，年均增长率为 4.13%，两者对旅游环境承载力的影响比较小。区域旅游环境承载力预警指数在不同时期处于不同的警界区间，下面将从 2004—2011 年、2012—2025 年两个时间段来分析沿海地区旅游环境承载力警情状态（见图 6 - 1）。

2004—2011 年间，我国沿海地区旅游环境承载力综合指数呈现波动递增趋势。2004 年旅游环境承载力位于健康区，在受到 2003 年"非典"负面影响之后旅游业进入恢复期，区域旅游业呈现稳步增长态势，旅游市场得到扩展。2005 年旅游业发展速度较快，旅游环境承受巨大压力，旅游基础设施建设和相关接待设施无法满足需求，导致旅游环境承载力下降，进入成长区。2006—2010 年沿海地区旅游环境承载力处于健康发展区，2006 年是我国十一五发展规划的第一年，旅游业成为区域经济发展的重要产业，沿海地区旅游业发展得到国家政策和地方政府部门的大力支持，各项基础设施和服务接待设施建设力度不断加大，旅游供给能力、旅游接待能力和消费能力逐渐提高，旅游资源开发更加深入，促使区域旅游环境承载力得到增强；2007—2008 年随着沿海地区大型旅游活动项目的开展，游客规模和旅游收入逐渐增长，旅游环境承载压力逐渐增加，同时，盲目的旅游开发建设也给环境带来诸多负面影响，造成旅游环境承载力有所下降；2009—2010 年沿海各地区旅游相关部门意识到旅游业发展需要强大的基础设施条件和环境基础作为支撑，积极扩展旅游企业发展规模和市场能力，不断提高基础设施接待能力和服务质量，特别是 2010 年上海世博会的开展，建设了大量旅游基础设施，带动了沿海其他地区旅游业的增长，旅游业环境承载力整体得到提升。2011 年沿海地区旅游业进入超载区，这主要是由于沿海地区旅游业的持续增长和规模化发展，旅游开发空间逐渐减少，客流、物流的大量集聚给环境带来巨大承载压力和诸多负面影响，以致造成超载现象，生态环境发展超载警号，未来旅游业的发展需要转变发展方式，提高资源利用效率和注重环境保护，走质量效益型发展道路，采取适当的调控措施，在提高自身承载能力的同时，加强区域协调，缓解区域承载压力。

2012—2025 年间，沿海地区旅游环境承载力预警综合指数呈现递增发展态势，区域所处警界区间从成长区、健康区逐步发展到适载区。2012—2014 年，旅游环境承载力持续增强，预警指数不断提高，旅游环境承载力处于成长区，表明区域旅游业发展历经旅游环境超载危机之后，旅游业发展得到调控，旅游业生态环境问题得到重视。2015—2022 年，旅游环境承载力进入健康区，旅游业平稳发展，旅游承载能力逐渐增强。到 2023 年，旅游环境承载力进入适载区，旅游环境承载能力增加的同时，旅游环境压力不断加大，旅游环境承载力预警指数逼近超载区间，再次出现超载危机。综上，旅游业发展过程中 10—15 年将会成为一个循环周期，区域旅游业发展过程中应重点做好区域 10—15 年的中长期发展规划，将旅游环境承载力作为重要指标，合理规划旅游经济发展规模和增长速度、旅游资源开发方式和分布格局，以保护环境和资源优化利用为目标，减轻旅游业发展对资源、社区、经济、社会、文化等方面的负面影响，实现游客满意度和社区满意度最大化，促进区域旅游业长期可持续发展。

（二）旅游资源环境承载力预警指数

2004 年沿海地区旅游资源环境承载力指数处于成长区，2005—2010 年处于健康区，2011 年旅游资源环境承载力处于超载区。2004 年旅游经济刚刚复苏，旅游市场、旅游开发和旅游需求呈现缓慢增长趋势，旅游资源仍然有较大开发空间。2005—2007 年，沿海地区旅游资源规模逐渐提升，承载空间较大，接待能力较好，旅游资源环境承载力逐渐提升，这也是与区域旅游资源所具备的独特性、多样性特征息息相关，而且区域旅游资源开发与规划政策对旅游资源开发起到良好的支撑作用。2008—2009 年受到金融危机负面效应的影响，沿海地区旅游资源开发力度有所下降，旅游资源环境承载力略微下降，引起相关部门的重视。因而 2010 年，旅游行政部门、区域政府部门以及社会旅游组织开始重视滨海旅游业的发展，旅游房地产开发、滨海旅游产品开发、滨海休闲度假旅游目的地的兴起，涌现出许多具有海洋特征的旅游资源，相关技术条件和基础设施较为完善，也促进了旅游资源承载力逐渐增强。2011 年旅游资源开发过快，旅游资源环境承载力进入超载区间，虽然总体上旅游资源环境良好，目前尚未出现超载现象，但是预警指数大小低于生态环境承载力指数、经济环境承载力指数，其接待能力和发展空间仍然需要改善，亟须进一步挖掘旅游资源，加强旅游资源环境承载力，保持旅游资源环境、区域资源的合理开发。2012—2025 年旅游资源环境承载力与旅游环境承载力预警指数的变化趋势保持一致，也经历成长区、健康区到适载区的变化过程，旅游资源环境承载能力持续增强，增长速度表现为各子系统中的最大值，存在超载危机，表明沿海地区不能只依靠扩大旅游资源规模的方式来发展旅游业。

　　从旅游资源环境承载力预警子系统的构成来看，旅游资源环境承载力预警子系统由旅游资源质量和陆海资源质量构成，其中旅游资源质量对旅游资源环境承载力预警指数起到主要影响作用，陆海资源质量则表现出较弱的影响作用，但同时也不能忽略。另外，进一步分析系统的关键指标发现，旅游资源地理集中度、旅游资源总量的变化趋势与旅游资源环境承载力预警指数相似，对其影响作用最高；人均水资源量也是重要影响指标，但其从 2004—2011 年呈现震荡型增长趋势，表现出不稳定性，对于旅游资源环境承载力的增长并没有起到显著的积极推动作用，2012—2025 年进入稳定发展时期之后，则表现出较强的推动作用；旅游资源效度和人均土地资源占有量呈现递减发展趋势，在一定程度上阻碍了旅游资源环境承载力的提升，表明人口规模的扩大造成沿海地区人均土地资源的减少，增加了旅游资源承载压力，旅游资源的开发仍然呈现规模化扩张模式，不利于提高旅游资源集约利用水平；绿地资源从 2004—2011 年表现出加快的增长趋势，从 2013—2025 年则进入平稳增长时期，对于旅游资源环境承载力的稳定发展起到重要作用。由此可见，旅游资源环境承载力预警系统中敏感指标主要包括旅游资源总量、人均水资源占有量、绿地资源，区域发展可以通过增加各项指标数值，提高旅游资源有效利用效率，增强区域旅游资源环境承载能力，缓解资源超载危机。

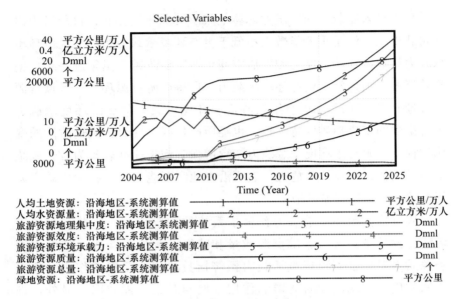

图 6 - 2　沿海地区旅游资源环境承载力预警指数及其主要指标仿真结果

（三）旅游生态环境承载力预警指数

2004—2011 年我国沿海地区旅游生态环境承载力预警指数表现为逐年递增状态，从成长区、健康区到适载区，表明沿海地区旅游生态环境总体状况较好，为区域经济发展和旅游开发奠定了较好的生态环境基础。2004—2005 年，随着区域经济和旅游业的发展，旅游生态环境承载能力有所增加，在促进旅游业发展方面起到积极作用，处于成长区，2006—2010 年旅游生态环境承载力进入健康区，区域生态环境保护力度得到加强，2011 年旅游生态环境承载力逐渐提升，进入适载区，趋近于超载区间，这主要是由于经济社会发展带来了一系列环境问题，特别是海域开发对海岸线、土地资源和水域环境的破坏，造成生态环境质量下降，在一定程度上影响了旅游业的发展，需要加大环境治理和资源保护，统筹生态环境与旅游业协调发展。

2012—2025 年，沿海地区旅游生态环境承载力从成长区、健康区发展到适载区，2025 年出现超载现象，表明沿海地区旅游业发展对生态环境的负面影响日益加剧，生态环境问题长期得不到有效处理，降低了旅游生态环境的承载能力。究其原因，可以发现环境污染是造成旅游生态环境承载力危机的主要因素，环境污染的增长速度和增长规模均会造成旅游生态环境承载危机。具体到各项指标来看，旅游生态环境承载力主要与工业废水直排入海量和环保投资密切相关，并且考虑到沿海地区的海洋特性，环境污染最终会影响海水水质，海水水质也是重要影响指标，将这三者作为敏感变量和调控要素，减少工业废水排放入海量，增加环保投资比例，提高海水水质，才能够缓解旅游生态危机，保护旅游生态环境，增强旅游生态系统承载能力。

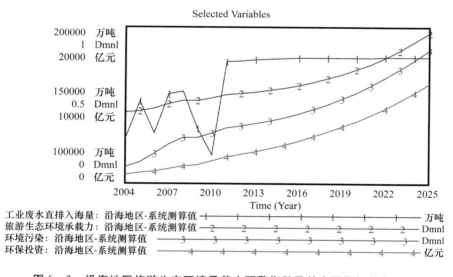

图 6 – 3　沿海地区旅游生态环境承载力预警指数及其主要指标仿真结果

（四）旅游经济环境承载力预警指数

2004—2011 年间，沿海地区旅游经济环境承载力指数总体呈现上升趋势，预警指数在四大子系统中数值最高，发展趋势与旅游环境承载力综合指数保持一致，表明沿海地区旅游经济承载力较强，游客市场、旅游收入和经济基础较好，是影响旅游环境承载力的重要因素。2004 年，城市经济发展和基础设施建设步伐加快，旅游经济逐渐复苏，旅游经济环境承载力处于健康区，旅游开发力度逐渐增强，旅游经济收入和游客消费需求逐渐增长，区域发展空间巨大。2005年，旅游需求快速增长，旅游企业规模建设步伐加快，但仍然难以满足旅业业发展需求，旅游经济承载力下降到成长区。2006—2010年沿海地区切实贯彻旅游业"十一五"规划，旅游经济环境承载力呈现先递减后递增的发展趋势，主要是由于2007、2008年旅游业受到经济危机的影响，旅游消费和游客规模有所缩减，从2009—2010年，经济开始复苏，并且更注重区域旅游经济结构、经济规模和经济效益的提升，对区域贡献程度逐渐增强。2011年，旅游经济承载力仍然呈现递增趋势，发出超载警号，旅游经济快速增长，衍生出市场秩序混乱、旅游竞争激烈、旅游产品同质、价格竞争、甚至是欺诈行为等问题，引起区域开发商与管理者的关注。

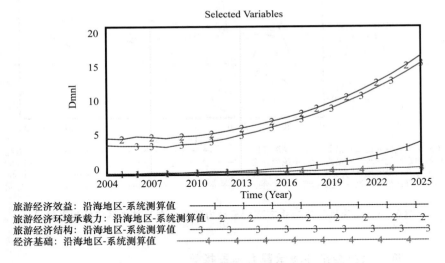

图 6 - 4　沿海地区旅游经济环境承载力预警指数仿真结果

2012—2025年旅游经济环境承载力预警指数与旅游环境承载力预警指数保持高度一致，对其贡献程度最大，是直接影响旅游环境承载力预警指数的重要因素。旅游经济环境承载力预警指数从成长区、健康区发展到适载区，主要受到旅游经济结构、旅游经济效益和区域经济基础的影响。具体到发展指标来看，旅游经济环境承载力预警系统中旅游总收入水平、GDP 水平、社会固定资产投资水平是关键敏感因素，未来旅游经济发展应该合理控制这三者的发展水平，推动旅游经济结构调整与优化，逐步提升旅游经济效益，充分利用区域经济基础资源，不断增强旅游经济发展竞争力，树立危机意识，避免经济泡沫、经济秩序混乱等问题的发生，保持旅游经济稳步可持续发展。

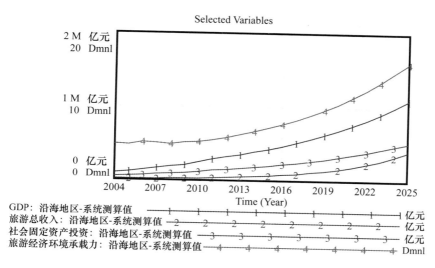

图 6－5　沿海地区旅游经济环境承载力系统主要指标仿真结果

（五）旅游社会环境承载力预警指数

旅游社会环境承载力预警指数总体呈现递增趋势，2004—2005年旅游经济环境承载力预警指数处于成长区，表明旅游业对社会贡献程度逐渐提升，区域社会环境支持和社会效应初步显现。2006—2009年，旅游社会环境承载力处于健康区，旅游发展社会效应逐渐增强，促使区域社会满意度、教育水平和信息化水平逐渐提升，旅游社会环境承载力趋近于适载界限。2010—2011 年旅游社会环境承载力进入适载区，旅游业的带动效应增强的同时，带来居民社会满意度降低、居民参与积极性不足、社区文化环境变差、商品化现象严重等问题，增加了旅游业社会环境发展压力，也对区域发展提出警示，呼吁相关政府部门关注社区环境与旅游业发展的相关关系。2012—2025 年旅游社会环境承载力预警指数仍然是各子系统中的最小值，对旅游环境承载力综合预警指数的影响作用最小，但其发展趋势与旅游环境承载力预警综合指数保持一致，也是旅游业发展过程中不可忽略的重要组成部分。

　　旅游社会环境承载力预警系统各分量中，教育素质对旅游社会环境承载力的影响最大，而这个因素往往是难以在短期形成和改变的，需要制定长期的发展规划和提升策略；科技治安水平关系到旅游目的地的技术发展水平和区域稳定程度，社会损失的减少会带来区域社会承载能力的增加；社会效应关系到社区对旅游发展的参与积极性和旅游对区域的贡献程度。具体到各项指标来看，旅游从业人员规模、区域科技投入水平是影响区域旅游社会环境承载力的关键指标，可以通过合理控制旅游从业人员增长率和科技投入比例来增强旅游社会环境承载能力，提高旅游社会效益。

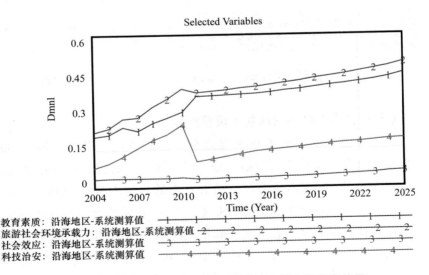

图 6-6　沿海地区旅游社会环境承载力预警指数仿真结果

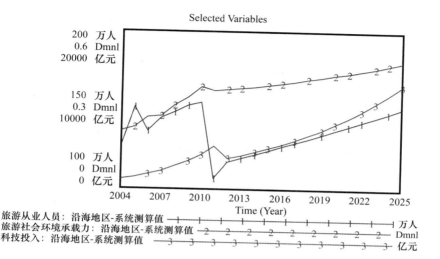

图 6 - 7 沿海地区旅游社会环境承载力系统主要指标仿真结果

　　总之，旅游业仍然面临旅游环境承载力超载问题，旅游资源环境承载力、旅游生态环境承载力、旅游经济环境承载力和旅游社会环境承载力预警区间变化趋势基本与旅游环境承载力保持一致，除旅游社会环境承载力以外，其他预警子系统均存在超载危机，表明沿海地区旅游生态环境、资源环境和经济环境的脆弱性和易损性，旅游业发展对区域环境的破坏程度日益加重，如不加以治理和保护，将会造成难以修复的损失，阻碍旅游业的可持续发展。因而，旅游业发展应进一步分析相关敏感指标，探讨沿海地区旅游业发展目前所采用的发展模式，将会有利于减轻旅游环境承载压力、提高发展潜力，抑或是增加旅游环境承载压力，从而为旅游环境承载力预警管理提供依据。

二　沿海地区旅游环境承载力预警指数空间分析

（一）旅游环境承载力预警指数的空间差异

　　我国沿海地区旅游业基础环境、发展速度和发展趋势存在差异，因而其旅游环境承载力状况也会有所不同，探讨 2004—2025 年各地区旅游环境承载力变化情况对于区域制定发展决策、确定战略目标等有着重要意义。

1. 旅游资源环境承载力预警指数

旅游资源环境承载力呈现波动性发展态势，总体呈现递增趋势。各地旅游资源环境承载力预警指数差异较大，发展速度有高低之分。从发展速度来看，江苏、河北、山东、广西、广东的旅游资源环境承载力发展较快，增长速度较高，均超过7%，上海、天津、辽宁、福建、浙江的旅游资源环境承载力发展较快，增长速率小于7%大于0，海南旅游资源环境承载力呈现负增长趋势，增长率为 -1.25%。从预警指数来看，2004年海南、浙江、福建的旅游资源环境承载力预警指数均高于0.5，辽宁、广东、广西旅游资源环境承载力预警指数相对较低，处于［0.2，0.5］区间，山东、上海、江苏、天津、河北的旅游资源环境承载力最弱，低于0.2，2015年海南、浙江、福建的预警指数高于0.5，山东、辽宁、广东、江苏、广西、河北的预警指数处于［0.2，0.5］区间，上海、天津的预警指数仍然低于0.2大于0。2025年总体预警指数较高，浙江、山东、广西、江苏、海南的预警指数均高于1，广东、福建、河北、辽宁的预警指数大于0.5小于1，上海、天津的旅游资源环境承载力预警指数最低，处于［0.1，0.5］区间。综合来看，海南、浙江、福建拥有丰富的旅游资源和区域海域资源，其旅游资源环境承载能力较强，具备较大开发空间，同时在开发过程中制定详细的资源开发规划，注重开发秩序和资源保护，优化资源配置，提高旅游资源综合效益。山东、广西、江苏旅游资源环境承载力预警指数发展速度较快，这些地区旅游资源开发程度逐渐深入，旅游资源发展空间逐渐缩小，存在超载风险，应该提高旅游资源开发效率，优化发展空间，注重资源修复和环境保护，严厉惩治破坏性行为，提高资源集约利用效果，减缓资源压力。广东、河北的旅游环境承载力缓慢增长，这主要是由于广东省自然旅游资源有限，主要开发人造旅游景观，河北省旅游资源开发力度不足，未来区域旅游资源开发需要深化旅游资源开发，加大旅游资源开发投入，提高旅游资源的吸引力。辽宁省区域环境问题和季节性气候影响了旅游资源开发，旅游资源环境承载力相对较低。上海、天津仍然受到地域发展空间的限制，旅游资源类型、规模和价值均在沿海地区处于弱势地位，存在旅游资源环境超载风险，需要进一步改善旅游资源环境，加大资源修复力度和环境保护力度。

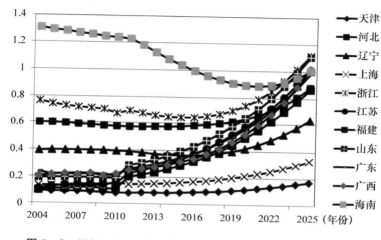

图 6 - 8　2004—2025 年沿海地区旅游资源环境承载力变化趋势

2. 旅游生态环境承载力预警指数

沿海地区旅游生态环境承载力预警指数 2004 年至 2025 年总体呈现递增趋势，2004—2011 年各地区旅游生态环境承载力变化幅度较大，2012 年以后各地区旅游生态环境承载力预警指数增长呈现相对平稳态势。从发展速度来看，山东、上海、辽宁、河北、浙江旅游生态环境承载力增长速度最高，分别达到 8%、7.4%、7.1%、6.7%、6.1%，均高于 6%，海南、广西呈现负增长态势，其他地区旅游生态环境承载力预警指数发展有所减慢。从预警指数发展趋势来看，各区域旅游生态环境承载力预警指数差异较大，2004 年，广西旅游生态环境预警指数大于 0.5，天津、江苏旅游生态环境承载力预警指数较高，分别为 0.5828、0.3115，海南、江苏、广东、天津的旅游生态环境承载力预警指数处于 [0.2，0.5] 区间，浙江、河北、辽宁、上海、山东旅游生态环境承载力预警指数处于 [0，0.2] 区间。

2015年天津旅游生态环境承载力预警指数相对较高，达到0.539，江苏、广西、河北、海南、上海旅游生态环境承载力预警指数相对较高，大于0.2小于0.5，广东、山东、浙江、辽宁、福建的旅游生态环境承载力预警指数位于［0，0.2］区间。2025年旅游生态环境承载力预警指数总体有所提升，江苏、天津预警指数较高，大于0.5，山东、浙江、河北、广西、广东、辽宁、上海、海南旅游生态环境承载力预警指数大于0.2小于0.5，福建旅游生态环境承载力预警指数小于0.2。综合来看，天津旅游生态环境承载力先增加后降低，并呈现持续降低趋势，表明区域旅游生态环境问题严重，旅游生态环境承载压力过大，未来需要进一步加强环境治理和资源保护工作。江苏进入2012年以后旅游生态环境承载力呈现平稳发展，应保持这种平稳发展态势，控制滨海海域酒店、旅游地产的建设，减少海域环境污染，加大生态环境保护投资。广东旅游生态环境承载力预警指数较低，发展速度较慢，需要加大环境治理与保护力度。辽宁、山东、浙江、河北旅游生态环境承载力发展速度加快，应适当控制开发速度和频率，注重环境保护。福建旅游环境承载力预警指数最低，增长缓慢，与区域自然灾害频发、山地地形复杂等因素密切相关，旅游生态环境承载能力有限。海南旅游生态环境未来将难以维持良好的环境优势条件，旅游生态环境承载压力将会逐渐增加，需要在旅游开发的同时注重生态保护，加大环境治理力度，做好环境规划。上海旅游生态环境承载力预警指数缓慢增加，良好的技术和资金条件仍然难以控制区域生态环境所面临的问题，改善旅游生态环境、整治旅游生态环境任重而道远。

3. 旅游社会环境承载力预警指数

沿海地区是我国对外贸易和交流的窗口，开发程度、教育水平、科学技术水平和信息化程度较内陆地区更高，社区居民对旅游业的承受能力和参与旅游活动的程度更高。总体来看，2004年至2025年我国沿海地区旅游社会环境承载力预警指数表现出递增趋势，除上海预警指数增长较快之外，其他地区预警指数保持低速发展。从发展速度来看，上海旅游社会环境承载力预警指数年均增长速率最高，达到

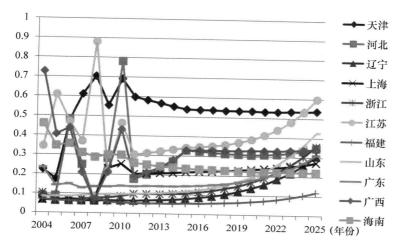

图 6 - 9　2004—2025 年沿海地区旅游生态环境承载力预警指数发展趋势

19.1%，其次是福建、天津、山东、辽宁和江苏，预警指数年均增长率均大于 10%，广西、浙江、河北预警指数稳步增长，年均增长率小于 10% 大于 5%，海南、广东的旅游社会环境承载力预警指数增长最慢，年均增长率低于 5% 高于 4%。从预警指数高低来看，上海预警指数最高，始终保持排名第一的绝对优势，从 2004 年的 0.098344 增加到 1.8646，这与上海的国际化程度、开发程度密切相关，社区居民对于旅游业的接纳容量较高，但同时存在超载危机，应该进一步协调旅游业与区域产业发展的关系，合理配置公共空间资源与旅游空间资源。2025 年天津、福建旅游社会环境承载力预警指数相对较高，预警指数排名上升到第二、第三名，这也是区域旅游业社会效应得以显现的结果，江苏、浙江、海南、山东旅游社会环境承载力预警指数在［0.2，0.3］区间，位于中等偏上水平，社区居民参与积极性逐渐提升，应注意优化社区环境、统筹区域和旅游业协调发展、减轻承载压力，辽宁、广东、广西、河北旅游社会环境承载力预警指数低于 0.2 大于 0，需要进一步扩大旅游社会效益，加强旅游教育、提高旅游科技水平和信息化水平，提升旅游社会环境承载能力。

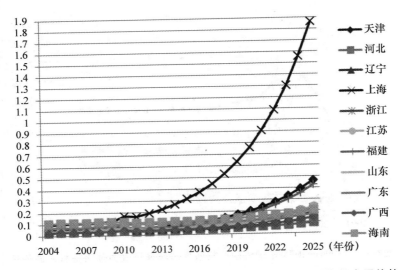

图 6 - 10　2004—2025 年沿海地区旅游社会环境承载力预警指数发展趋势

4. 旅游经济环境承载力预警指数

我国沿海地区旅游经济环境承载力总体保持平稳发展态势，天津、上海、海南、广东的旅游经济环境承载力预警指数呈现下降趋势，增长率为 - 4.5%、- 0.54%、- 0.36%。各地区旅游经济环境承载力保持常态，上海、辽宁、海南、浙江旅游经济环境承载力大于5，主要与区域经济实力、区位条件和旅游市场规模密切相关，江苏、广西、福建、山东、河北旅游经济环境承载力处于［2，5］区间，呈现缓慢增长趋势。沿海地区旅游经济发展格局比较稳固，需要进一步优化经济发展格局、提高经济效益，强化旅游经济支撑能力和服务水平。

5. 旅游环境承载力综合预警指数

旅游环境承载力综合预警指数也呈现平稳发展态势，天津、海南、上海、广东旅游环境承载力综合指数呈现递减趋势，增长率分别为 - 4.37%、- 0.58%、- 0.22%、- 0.5%，上海、辽宁、浙江、海南的旅游环境承载力综合指数较高，均大于5，这些区域旅游经济发展加快，但同时存在许多环境危机，应注重产业结构调整和经济效

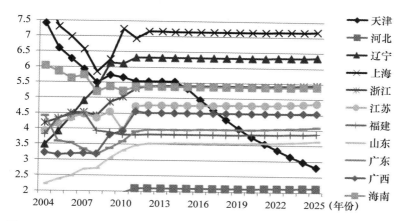

图 6 - 11　2004—2025 年沿海地区旅游经济环境承载力预警指数发展趋势

率的提升，特别是上海的旅游环境发出超载信号，旅游环境承载压力预警指数反映其承载压力最大，其他地区旅游环境承载力综合指数在［2，5］区间，应继续改善旅游环境、提高旅游质量和服务水平，增强区域旅游环境承载能力。

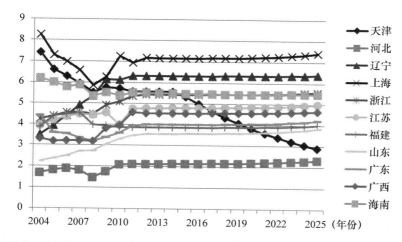

图 6 - 12　2004—2025 年沿海地区旅游环境承载力综合预警指数发展趋势

（二） 旅游环境承载力预警指数的空间格局

我国沿海地区由于地理位置、经济基础、区域环境、旅游资源和旅游市场的差异，旅游环境承载力有所不同，并且随着时间而发生改变，比较分析我国沿海 11 个省、直辖市、自治区在 2004 年、2011 年、2015 年和 2025 年的旅游环境承载力预警指数，划分警界区间（见表 6 - 3）。

2004 年，上海的旅游环境承载力综合指数最高，其次是天津、海南，均处于超载区，旅游环境承载压力最大，上海、天津主要是由于区域旅游市场较大，但是受到地域发展空间的制约，旅游接待能力有限，海南则是由于旅游业发展处于初级阶段，经济基础、交通通达性和旅游接待能力较低，游客的大量聚集给环境带来巨大压力，发出超载警号，警示相关部门应该加快建设旅游业基础设施；广东、浙江旅游环境承载力预警指数处于健康区，旅游环境承载能力较强，这与区域快速发展的产业规模、悠久的旅游发展历史、便利的旅游交通、日益增长的旅游需求密切相关，在沿海地区甚至全国都具有竞争优势；江苏、福建旅游资源丰富，区位优势显著，长三角无障碍旅游区发展集聚效应较强，旅游环境承载力预警指数处于成长区，旅游业健康协调发展，旅游满意度较高，资源发展潜力和空间较大；辽宁、广西、山东、河北旅游环境承载能力预警指数处于弱载区，这些地区地域广阔、资源丰富，旅游发展空间较大，但旅游开发力度不足，旅游接待能力和环境承载能力有待增强。

2011 年，上海、辽宁、天津、海南、浙江旅游环境承载力预警指数处于超载区，其中上海、辽宁、浙江、天津的旅游收入和游客规模较大，给环境带来巨大压力，游客过度集聚、产业密集布局，旅游地产开发过热，旅游资源开发力度较大，在一定程度上使得旅游环境承载力超载，给环境、社区和经济带来诸多负面影响，亟须控制游客规模、提高旅游满意度，海南省旅游环境承载力指数有所降低但是仍然处于超载状态，表明区域仍然需要提高旅游业开发速度和质量，充分利用资源地域空间，扩展旅游环境承载能力；江苏、广西旅游环境承载力指数逐渐增长,处于健康发展区,旅游资源特色具有持续吸引力,游客旅游逐渐扩展,旅游经济发展速度、经济效益良好,旅游资源开发效益逐渐提升,交通、供水等基础设施条件不断完善,旅游投资加大,旅游满意度较高,旅游环境承载力指数有所提升,旅游业与区域协调发展;福建受到区域经济发展水平、旅游开发政策支持独立和交通等因素的制约,旅游环境承载力增长较慢,旅游环境承载力仍然处于成长区,旅游发展空间有待进一步挖掘;广东旅游环境承载力综合指数降低,处于成长区,主要是与区域旅游业经济发展竞争力逐渐降低、旅游资源发展空间缩小、旅游业开发所积累的环境问题逐渐加重等因素密切相关;河北、山东旅游环境承载力指数有所提升,但仍然处于弱载区,旅游业资源开发效益不高,在区域中的竞争优势不显著,可替代性旅游目的地较多,因而区域旅游环境承载力预警指数较低,有待进一步提高。

表6-3 2004—2025年沿海地区旅游环境承载力警界区间划分

地区	2004年		2011年		2015年		2025年	
	数值	区间	数值	区间	数值	区间	数值	区间
天津	7.42	超载区	5.57636	超载区	5.33576	适载区	2.8996	成长区
河北	1.68711	弱载区	2.11074	弱载区	2.14052	健康区	2.32828	超载区
辽宁	3.50914	弱载区	6.32129	超载区	6.32224	健康区	6.38103	超载区
上海	8.25949	超载区	6.9411	超载区	7.15797	健康区	7.42513	超载区
浙江	4.25079	健康区	5.3604	超载区	5.43435	健康区	5.57033	超载区
江苏	3.94113	成长区	4.75547	健康区	4.79451	健康区	5.00015	超载区
福建	3.85907	成长区	3.85174	成长区	3.87032	健康区	4.0012	超载区
山东	2.22917	弱载区	3.48772	弱载区	3.56446	健康区	3.83191	超载区
广东	4.4205	健康区	3.92482	成长区	4.00443	健康区	4.21696	超载区
广西	3.30522	弱载区	4.57771	健康区	4.54343	健康区	4.66205	超载区
海南	6.1982	超载区	5.51864	超载区	5.47844	健康区	5.48286	健康区

2015年沿海11个省、直辖市、自治区中除天津处于适载区以外,其他地区均处于健康发展区,表明各地历经2011年旅游环境超载或

弱载问题之后，积极采取措施缓解了旅游环境承载力超载问题，优化旅游资源配置，促使旅游业发展与生态系统之间的协调发展关系更加紧密。但是按照当前发展趋势，到 2025 年，我国沿海地区仍会出现大规模的超载危机，旅游业发展会对滨海环境造成严重影响，这对我国旅游业发展发出严重警号，需要深入探讨旅游环境调控策略和区域旅游空间发展格局，以期实现旅游业的长期可持续发展。

（三）旅游环境承载力预警指数的空间关联

我国沿海地区旅游环境承载力预警指数存在空间差异，从空间上分析产生这种差异的关键因素在于其空间上的相互作用、相互关联程度，关联性较好的地区的旅游环境承载力会优于关联性较差的区域。运用局部自相关分析法，以 2011 年为例，计算得出各地区 2011 年局部空间自相关系数 LMI 和旅游环境承载力预警指数标准化值 Z_i'，划分出高值积聚区、低值积聚区、高值离散区、低值离散区四大区域（见图 6－13）。

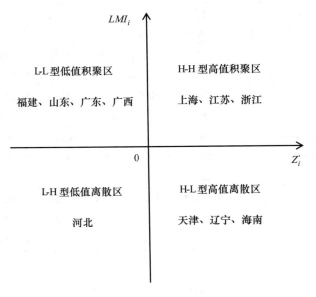

图 6－13　2011 年旅游环境承载力预警指数空间关联分区

1. H-H 型高值积聚区

即 $LMI_i > 0$，且 $Z_i^{'} > 0$，主要包括上海、江苏、浙江，表明这三个省份的旅游环境承载力预警指数在空间上的积聚效应高于周边地区，并且被旅游环境承载力较高的区域所包围。另外，该区域内部的省份之间有着较强的空间正相关性，表现出积聚型空间分布形态，是我国沿海地区旅游环境承载力较高的区域。

上海旅游经济承载力与旅游社会环境承载力的预警指数最高，均处于超载区间，上海开放性的居民思想、强大的旅游经济发展政策支撑、国际化旅游品牌、高端的旅游产品促使区域旅游经济快速发展，同时也给社区、经济市场带来巨大的效应。上海市是我国著名的沿海旅游城市，也是长三角无障碍旅游区的中心地带，区位优势显著、基础设施完善、经济基础和腹地雄厚、旅游市场广阔，旅游业发展水平和国际化程度均在全国处于领先水平，特别是世博会以后，旅游在区域的经济地位、旅游收入和规模得到较大提升，人均旅游收入在沿海地区排名第二，旅游对区域经济贡献率以及旅游就业效益在沿海地区排名第一，旅游经济市场较为成熟和稳定。相对而言，旅游生态环境承载力和旅游资源环境承载力指数偏低，一方面是由于区域地域面积较小，发展空间有限，陆域范围内可开发的资源基本已经利用，目前正积极开发海域资源，利用海域空间发展旅游业；另一方面是由于旅游业发展带来了诸多环境污染、资源损耗等问题，也降低了区域环境质量、破坏了生态系统，旅游环境承受巨大压力，旅游环境承载力预警指数高于其他地区，已经发出超载警号，存在较大环境危机，需引起人们重视。面对这种现状，上海海域面积约为 1 万平方公里，岛屿26 个，海岸线 780 公里，是未来上海旅游业开发的重要资源和发展空间，上海市制定相关发展规划和政策积极拓展海洋旅游市场，以保护旅游资源和生态环境为前提，充分利用近海海域、海上、海底、远洋海域资源，发挥国际邮轮母港的功能，发挥长三角同城化效应，积极发展邮轮旅游、滨海休闲旅游、海岛旅游，并与会展业、海洋产业、休闲产业等相关产业相结合，创新开发新型旅游产品，提升旅游服务质量，从而增强旅游环境承载力。

　　江苏旅游经济稳步发展，旅游生态环境良好，旅游社区居民满意度较高，除旅游资源环境承载力处于弱载区间外，其他旅游环境承载力指数处于健康发展区间。伴随着区域海洋经济和海洋发展战略的实施，滨海旅游业成为江苏省经济发展的优势产业，得到快速发展。各级政府及相关部门充分利用区域丰富的旅游资源、优越的自然环境、广阔的发展空间、良好的地理位置和优惠的发展政策，快速推进滨海旅游业的发展。2006 年开始，江苏省旅游总收入跃居全国首位，并一直保持这种优势地位，旅游经济发展对区域贡献作用日益显著，旅游经济发展规模、经济结构和经济效益日益提升，促进了旅游经济环境承载能力的提高，但是这种规模化、高速化的发展态势令人忧虑，给区域资源系统特别是滨海资源系统带来巨大压力。再加上江苏省周边沿海其他地区也非常发达，相互之间形成集聚效应，同时产生了激烈竞争，可开发利用旅游资源逐渐减少，粗放式旅游开发方式仍然存在，区域旅游资源开发力度和开发效益不足，有待改善。因而"十三五"期间，江苏省应以建设旅游强省为战略目标，贯彻落实"效益最大化、旅游国际化、科技信息化、产业融合化、服务标准化和产品多元化"的质量目标，以保护生态环境、提高旅游资源开发效率为前提，改变经济规模化发展态势，走质量效益型道路，提高经济发展稳定度、旅游服务质量和满意度，增强接待能力和旅游社会效应，建设水平一流、知名度享誉国内外的旅游目的地。

　　浙江省旅游业发展历史悠久，发展规模较大，旅游环境承载力处于超载区间，这主要是由于旅游经济和资源环境承载力增长过快，进入超载区间。浙江旅游生态环境脆弱性较强、承载能力较低，处于成长区间，社区开放性逐渐增强，旅游社会环境承载力处于健康发展区。浙江省海岸线长度在沿海地区排名第一，海域资源和地域空间是区域滨海旅游业发展的巨大资源宝库，但是目前开发过热，资源系统承受巨大压力。浙江省在经济实力、基础设施、旅游市场、旅游政策法规等方面具有诸多优势，旅游业发展环境良好，2011 年旅游总收入在沿海地区排名第三。但是区域旅游经济总量与江苏和广东存在差距，旅游经济贡献率在沿海地区排名第五，仍然存在游客过度集中、产品结构不够合理、产业粗放式增长方式、管理体制不够健全、旅游环境污染等问题，旅游环境承载力出现超载现象。未来浙江省旅游发展应保持旅游经济发展结构、速度、效益与质量的协调统一，不断优化旅游产品结构和旅游空间布局，全面提升旅游接待能力和服务质量，积极贯彻绿色消费、低碳旅游理念，打造环境友好型、资源集约型产业，缓解热点地区旅游环境压力，总体上提高区域旅游环境综合承载能力。

总体上来看，区域内各省份应加强旅游资源优化配置，以环境保护为前提，保护沿海自然保护区以及河口、湿地、海湾和海岛生态环境，限制近海旅游地产开发、滨海娱乐项目建设强度，合理规划和开发沿海和海岛旅游资源，严格控制海域围垦以及海域环境污染行为，建立健全旅游环境预警机制，进一步提高海岸防灾、抗灾能力，从而提高区域旅游环境承载力水平，同时加强区域合作，促使区域经济实力、基础设施条件、科技水平和人才队伍等资源共享，贯彻落实区域旅游发展规划、海洋发展战略，促进旅游业和海洋产业的和谐发展。

2. L－L 型低值积聚区

即 $LMI_i > 0$，且 $Z_i^l < 0$，包括福建、山东、广东、广西，表明区域旅游环境承载力在空间上的积聚程度低于周边地区，相邻地区的空间正相关较高，表现出积聚型空间分布格局。

福建省是海峡西岸旅游区建设的中心，也是促进大陆与台湾交流的桥梁，具备丰富的自然景观和文化景观。近年来，旅游经济发展得到重视，旅游经济实力、旅游交通、旅游行业管理和旅游景区建设等方面得到较大提升，旅游资源环境承载力、旅游经济环境承载力与旅游社会环境承载力持续提升，旅游环境承载力综合指数稳步发展，处于成长区，其发展空间较大。但是福建沿海是海洋灾害多发区域，并且海域污染严重，旅游生态环境非常脆弱，严重阻碍了旅游业的发展，造成旅游生态环境承载力预警指数过低，处于成长区。另外，福建旅游发展区域差异较大，旅游景区开发规模和接待能力有限，游客集聚于个别热点旅游目的地，旅游资源环境承载压力较大，处于超载区间。未来福建旅游业应进一步提高旅游产业竞争力、规范旅游市场秩序、提高旅游资源开发效益、提升旅游服务质量、完善旅游基础设施，发挥区域在对台交流中的作用，实现建设国际化旅游目的地的目标。

山东省是我国旅游资源大省，特别是海岸线较长，海岸线长度居全国第三位，海洋旅游资源种类多样。随着旅游业发展方式逐渐从资源导向型向质量效益型的转变，旅游产业体系日益完善，旅游品牌知名度不断提高，旅游环境承载力预警指数逐渐提升，但仍然处于弱载区间，表明区域旅游环境承载力仍然拥有巨大发展空间。近年来旅游经济发展速度加快，2011 年旅游企业规模在沿海地区居于首位，旅游总收入在沿海地区中排名第四，旅游经济环境承载力位于弱载区，区域旅游经济结构、经济效益和规模、旅游环境保护等方面存在很多缺陷，需要充分贯彻全国推动旅游产业转型、建设山东半岛蓝色经济区国家发展战略、建设经济文化强省的省域发展战略，统筹海洋与陆地、文化与旅游、产业与要素、城市与乡村的协调发展，实现打造最佳旅游目的地的发展目标。

广东省旅游环境承载力预警综合指数高于周边地区，旅游社会环境承载力处于超载区，旅游生态环境承载力处于健康区，旅游经济环境承载力和综合承载力处于成长区，旅游资源承载力处于弱载区，亟须采取相应措施，改善环境、提高旅游环境承载综合能力。21 世纪初期，广东省利用其开放政策优势，大力加大旅游投资，旅游产业发展受到重视，无论是旅游资源、旅游企业和旅游规模在全国处于领先地位。2004 年以来广东省旅游总收入居于全国首位，但从 2006 年开始，广东省旅游总收入落后于江苏省，在沿海地区排名第二。随着区域经济的快速发展，旅游产业优势地位逐渐减弱，旅游经济环境承载力跌落到成长区，旅游资源规模较小，以人文旅游资源开发为主动开发策略难以满足游客需求，旅游资源环境承载力处于弱载区间，有待提高。旅游业发展的同时带来了一系列社会问题，人口迁移频率较高，社会不稳定因素较多，社区居民满意度不断下降，旅游社会环境承载力发出超载警号。近年来广东省各相关部门意识到这些问题，努力推进旅游产业优化升级，积极建设旅游强省和全国旅游综合改革示范区，稳步规划建设旅游景区景点，提高景区的现代化、国际化、品牌化、标准化程度，为游客提供高品质、高效率、个性化的旅游服务，同时注重资源保护和环境治理，加大环境保护投资力度，注重增强区域旅游环境综合超载能力，将广东省打造成国际化、标准化的旅游目的地。

广西旅游环境承载力综合指数合理提升，逐渐从弱载区发展到健康区，旅游经济环境承载力和社会环境承载力处于弱载区域，旅游生态环境承载力处于健康区，旅游资源环境承载力处于超载区。广西以其秀美的山水景观享誉国内外，拥有峰林、岩洞、瀑布、溪流等生态自然景观，以及悠久的文物古迹和独特的历史人文景观，区域打造了全国知名的景区景点，吸引了众多旅游者前来旅游，造成旅游资源环境承载力出现超载现象。另外，区域工业化、城市化建设，也促使区域保留了原真性、天然的生态环境，空气质量、水质较好，旅游生态环境承载力逐渐提升，处于健康区。另外，区域旅游产业规模不断扩大、旅游产品日益完善、旅游市场竞争力逐渐增强、旅游交通网络更加便捷，旅游经济发展呈现持续、健康和快速增长的良好态势，在区域经济中起到越来越重要的作用，2011年旅游收入增长率在沿海地区排名第二，达到42.06%，仅次于江苏省。但同时来自周边省份的激烈竞争、与国内其他地区还存在的较大差距、区域薄弱的经济基础、粗放的旅游发展方式等因素阻碍了旅游经济环境承载力的提升，旅游业对区域的带动效应较低，因而区域应加快旅游市场整合力度，创新打造旅游精品，转变发展方式，优化产业结构，努力将资源优势转化为经济优势，提升区域整体旅游环境承载能力。

3. H－L型高值离散区

即$LMI_i < 0$，且$Z_i^l > 0$，包括天津、海南、辽宁，表明区域发展较好，旅游环境承载力综合数值高于周边地区，但其周边区域数值较低，相邻区域的空间负相关性较高，呈现离散型发展模式。

天津市旅游经济在"十一五"时期呈现稳定增长态势，旅游企业规模不断扩大、产业结构逐渐优化、旅游产品体系日益完善、旅游市场发展潜力得到提升、旅游管理和服务水平进一步增强，但旅游经济发展速度过快，旅游环境承受巨大压力，旅游经济承载力和环境承载力已经超过系统自身承受能力，呈现超载状态。随着滨海新区建设和滨海旅游发展，天津旅游生态环境逐渐改善，旅游业在解决区域就业、提高居民收入和生活环境方面发挥积极作用，社区居民对旅游业体现出更高的积极性，旅游社会环境承载力呈现健康发展状态。但是由于天津市地域发展空间和旅游资源的有限性，旅游资源开发力度不足、特色不显著，旅游企业接待规模较小，并且受到来自周边地区的市场竞争压力，天津市旅游资源环境承载力预警指数一直处于弱载状态。天津市应依托国家级滨海新区建设战略，加强区域旅游一体化进程，加大旅游合作，推动城市环境与旅游经济协调发展，加大旅游投资和集聚发展力度，深度开发旅游资源，提升天津市旅游环境承载力和市场竞争力。

海南省旅游环境承载力综合指数、旅游资源环境承载力、旅游经济环境承载力和旅游社会环境承载力均处于超载区，旅游生态环境承载力处于健康区。区域生态环境较好，具有原真性，污染相对较少，环境自净能力较强，旅游生态环境承载力处于健康发展态势，为旅游产业的发展提供了良好的生态基础。海南拥有独特的滨海度假旅游资源、热带自然景观和淳朴的民俗风情，是国内外著名的滨海度假旅游地，特别是随着国际旅游岛建设的稳步开展，海南岛旅游经济实力逐渐增强，旅游产业要素不断完善，国际旅游知名度得到提升，旅游收入的增长率不断加大，旅游环境承载能力指数不断提高，但是社区居民教育水平、对外开放程度和参与积极性不高，游客的大量聚集严重超过区域社会居民心理承载，旅游社会环境承载力出现超载现象；区域旅游开发规模与旅游需求存在一定的不协调，旅游地产开发、滨海度假区建设过热，海南省与国际著名旅游岛的水平还存在一定差距，2004—2011年旅游总收入一直在沿海地区排名最后，旅游产业服务质量、旅游市场秩序、旅游经济效益、旅游基础设施等方面需要进一步改善，扩大旅游经济承载能力，推动旅游产业规模数量型发展方式向质量效益型方向转变，不断优化产业结构和质量水平，实现打造"旅游业改革创新试验区"和"世界一流的海岛休闲度假旅游目的地"的战略目标。

在我国旅游业全面发展的背景下，辽宁省政府将旅游经济作为区域经济新的增长点促使其稳步发展，旅游经济实力逐年提升，旅游产业规模不断扩大，旅游产业地位得到增长，旅游经济环境承载力和旅游环境承载力综合指数总体呈现逐年递增态势，从 2004 年的弱载区发展到超载区。区域自古以来是工业大省，环境污染严重，造成旅游生态环境承载力较低，一直处于成长区，仍然需要加大环境治理和保护力度。而且区域存在旅游业规模相对较小、旅游产业集聚度低、旅游经济投入不足、基础设施不够健全、旅游淡旺季明显等问题，全年旅游经济收入并不可观，在解决就业、创造经济收入方面受到限制，旅游社会承载力处于弱载区间。因而，辽宁旅游业发展需要发挥旅游资源的特性，分层次有重点地开展旅游项目建设，以市场为导向，加强产业融合和区域合作，改善旅游开发投资环境、游览环境和生活环境，大力开发特色旅游产品，完善基础设施，实现建设"我国旅游经济强省、东北亚重要的旅游目的地，国际上具有影响力和竞争力的旅游区域"的发展目标。

4. L–H 型低值离散区

即 $LMI_i < 0$，且 $Z_i' < 0$，包括河北，表明区域的综合值低于周边地区，相邻区域的空间负相关性较高，呈现离散型空间格局。河北省拥有山地、高原、丘陵、平原、湖泊与海滨资源，生态环境质量较高，环境保护较好，旅游生态环境承载力呈现健康发展态势，为旅游产业的发展提供了相对健康的生态环境。旅游业历经多年的开发，发展规模、旅游产业融合和综合实力有一定程度的提高。但是旅游环境承载力处于弱载区，旅游环境承载力预警指数较低，并低于周边的北京、山东、天津等地，缺乏具有特色化、龙头型的旅游目的地，航空和海上交通相对落后，与其他地区的合作，特别是与京津地区的关系不够紧密，旅游经济规模、效益偏低，旅游经济承载力处于弱载区，旅游业就业效应尚小，社区居民参与旅游业的积极性不够，旅游景区建设步调缓慢。河北省今后应抓住旅游产业转型的黄金时期，贯彻落实京津冀区域一体化国家战略，加强区域间合作，转变发展方式，加强基

础设施建设和旅游资源品牌开发，坚持"和谐发展、绿色发展和统筹发展"的理念，打造休闲、度假和观光旅游目的地。

三 我国沿海地区旅游环境承载力预警指数调控分析

调控是指调节与控制，是根据研究对象发展趋势和系统运行状态，在遵循系统运行规律的前提下，行为主体采用某种手段或方法主观干预系统，使之有效有序运行的过程。调控是管理工作的一项重要职能，旅游环境承载力调控则是围绕旅游业可持续发展目标，根据区域旅游环境承载力变化发展规律和警情状态，将旅游环境生态系统、风险影响要素、预警方法技术和调控对策有机结合起来，采取合理的方法进行干预、调控和管理，减少负面影响，促进区域旅游业和谐稳定发展，对于组织机构切实履行管理职能、调控旅游危机、制定旅游发展决策起到积极作用。根据警度判定结果，确定主要调控目标，制定区域调控方案，仿真模拟不同方案下的旅游环境承载力警情状况，比较分析预警指数，促进确定能够促进沿海地区旅游环境可持续发展的开发模式。

（一）旅游环境承载力仿真模拟分析

系统动力学模型被称之为"战略实验室"。旅游环境承载力预警系统动力学模型不仅能够对研究对象进行仿真模拟，而且可以在改变相应敏感指标的条件下，对旅游环境承载力进行仿真模拟，比较不同方案对于实现旅游业发展与环境保护之间协调发展的作用效果。根据上文对于旅游环境承载力预警系统分析可知，旅游环境承载力受到各子系统中多种因素的影响，包括旅游资源承载力系统中的旅游资源、水资源和绿地资源指标，旅游生态环境承载力系统中的环境污染指标，旅游经济环境承载力系统中的旅游经济效益和区域经济基础指标、旅游社会环境承载力系统中的旅游就业指标和科技水平指标，鉴于此，这里分别设计4类发展方案，在保持其他变量不变的前提下，改变所选择敏感变量数值，将其所得仿真结果与原始发展水平下的旅游环境承载力预警指数进行比较。

表6－4　旅游环境承载力调控变量

调控方案	变量	原始值	调控值
方案1	旅游资源增长率	0.12	0.2
	水资源增长率	0.1	0.15
	绿地资源	15729	20000/30000
方案2	旅游总收入增长率	0.2	0.25
	GDP增长率	0.1	0.2
	社会固定资产投资比例	0.47	0.5
方案3	海水水质	73%	100%
	环保投资比例	0.01	0.05
	工业废水直排入海量	180000	120000
方案4	旅游就业增长率	0.02	0.15
	科技投入比例	0.012	0.02

　　根据表中指标变量，比较4种方案下，我国沿海地区旅游环境承载力在2012—2025年间的仿真结果（见图6－14）。结果表明，方案1的实施会增强旅游环境承载能力，并高于现实状态下旅游环境承载力水平，表明加大旅游资源开发力度、提高区域资源丰度也是增强旅游环境承载力的重要手段；方案2的实施会减缓旅游经济发展速度，降低旅游环境承载能力，此时旅游环境承载力指数低于原始状态下旅游环境承载力水平，盲目的旅游经济扩张行为并不能实现增强旅游环境承载能力的目的，反而会给旅游环境承载力带来更大的压力；方案3和方案4的实施对旅游环境承载力的影响最小，其系统行为曲线与原始方案基本保持一致，表明旅游生态环境和社会环境的保护及其资源开发需要一个长期的优化过程，单纯依靠增加旅游就业、加大科技投入、加大环保投资、减少工业废水直排入海量、提高海水水质等措施仅仅起到维持旅游环境承载力现实状态的作用，对于调节旅游环境

承载超载或弱载现象并不能收获即时效果。

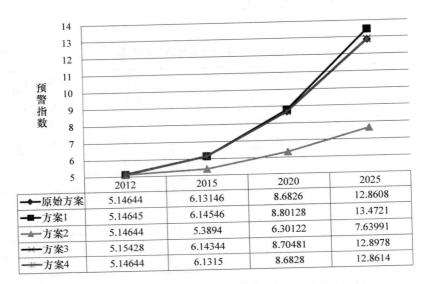

	2012	2015	2020	2025
◆原始方案	5.14644	6.13146	8.6826	12.8608
■方案1	5.14645	6.14546	8.80128	13.4721
▲方案2	5.14644	5.3894	6.30122	7.63991
✕方案3	5.15428	6.14344	8.70481	12.8978
✳方案4	5.14644	6.1315	8.6828	12.8614

图 6-14　不同方案下旅游环境承载力预警指数仿真结果

（二）我国沿海地区旅游开发模式选择

旅游环境承载力预警调控的目的最终在于促进旅游业可持续发展，根据不同调控方案及其分析可以确定相应的旅游开发模式。旅游开发模式是在一定时期内区域旅游产业形成和发展，并促进产业向高度化、现代化发展的模式。从旅游产业发展与经济的关系来划分，包括 EPT 模式（Economy Promoting Tourism），表示区域经济发展促进旅游产业发展的模式，以及 TPE 模式（Tourism Promoting Economy），表明旅游产业带动区域经济发展模式。从旅游产业成长衍化进程来看，包括延伸型旅游产业模式，以国内市场为主，入境、出境旅游市场为辅，推进型旅游产业发展模式，以入境旅游市场为主，国内市场为辅。从旅游投资主体来分，包括企业主导型、政府主导型、外商投资型、民间投资型发展模式。从空间结构可划分为竞合模式、产业集群模式、旅游圈、环城游憩带和无障碍旅游区。

1. 基于资源类型的旅游开发模式。旅游资源包括多种类型，不同类型的旅游资源，其表现形式、与主体的互动关系和利用方式存在差异，因而根据旅游资源类型，可将其划分为自然风景类、人文类旅游开发模式。（1）自然风景类旅游开发模式，是指地质地貌、气象、动植物和水体等具有观赏、科考和文化价值的自然景观的开发主题和利用模式。这类开发模式需要突出主题，打造具有震撼力、吸引力的旅游形象，以保持自然资源原真性、文化独特性为目标，在保持自然资源自然美感的同时，表现文化底蕴，提高文化体验，形成富有内涵的旅游景观。我国沿海地区三亚、舟山、青岛、威海等地拥有丰富的自然景观资源，开发滨海观光、海岛探险、度假疗养、露营垂钓、康体娱乐等旅游产品，吸引了众多旅游者前来旅游，增加了人们对自然的体验和感知。（2）人文类旅游开发模式。人文类旅游资源是在历史发展过程中留存的古代建筑、文化遗物、纪念地等文化古迹，风俗习惯、饮食礼仪、节庆活动、婚丧嫁娶等社会风情，宗教建筑、宗教礼仪等宗教文化，以及游乐场、主题公园等体验资源，是能够反映时代文化、经济、社会、历史等特征的各种物质和精神要素的总和。这类旅游资源具有观赏价值、科考价值和旅游功能，需要根据资源所反映的时代特征，以体现其历史、科学、宗教文化和艺术价值为目标，开发修学旅游、寻根旅游、科考旅游、文化体验旅游、宗教朝圣等专项旅游活动，建设民俗村、主题公园等旅游目的地。

2. 基于投资主体的旅游开发模式。根据投资主体差异，旅游开发模式分为四类，包括企业主导型、政府主导型、外商投资型、民间投资型旅游开发模式。（1）企业主导型旅游开发模式，是指企业享有经营权，通过资金投入对区域进行开发与管理，同时受到政府政策法律、规划策略、宏观调控措施等对企业投资开发商的管理与约束。（2）政府主导型旅游开发模式，是指在旅游开发过程中，政府享有主要领导权，具有行政审批、制定规划、组织决策和经营管理职能，对旅游开发进行宏观管理，通过财政拨款方式为主、招商引资为辅的模式进行资金管理。（3）外商投资型旅游开发模式，主要是针对宾馆、饭店、旅行社、游艇邮轮和汽车租赁等投资规模较大的行业，一般引进国际先进管理理念和模式，有利于带动区域发展和促进本地旅游业的国际化。（4）民间投资型旅游开发模式，主要是指民营企业或个人投资餐饮、购物、住宿等项目或其他中小型娱乐项目，适用于投资范围较窄、规模较小的区域。

3. 基于空间结构的旅游开发模式。根据产业要素空间分布结构，旅游开发模式可分为竞合模式、旅游产业集群旅游圈、环城游憩带和无障碍旅游区。竞合模式是针对旅游资源具有互补性或相似性、地理位置相邻、交通便利、旅游资源具有一定知名度、旅游基础设施条件较好、具有一定合作基础的旅游目的地所采用的旅游开发模式，是一种通过各地产业结构和功能创新、重新定位和合作，以促进区域旅游整体发展为动力，以获得经济利益为基础，以市场主导、政府协作为主要方式，实现区域竞争与合作。旅游产业集群模式是指旅游景区、旅游饭店、旅行社等旅游产业要素及相关产业要素围绕核心吸引物相互竞争与协作而形成的价值链群，包括以旅游目的地特色旅游资源作为核心吸引物的资源型旅游产业集群，适用于经济欠发达地区，以大型旅游企业集团主导、中小型旅游企业加盟而形成的专业市场型旅游产业集群，适用于经济发达地区。旅游圈是在一定区域范围内形成的以旅游资源为核心、各类旅游要素相互联系而形成的地理空间组织与旅游职能组织的圈层式集合，具有辐散性、开放性特点，能够实现旅游交通网络化、旅游资源集约化、旅游经济效益化、旅游市场规范化发展目标。环城游憩带是指在城市郊区所形成的具有游憩、娱乐功能的设施、场所和公共空间，该区域旅游资源丰富、区位条件优越、客源市场广阔，往往体现自然美为目标，配备相应服务设施，形成度假区、观光带、乡村旅游区等休闲娱乐场所，为游客提供度假、疗养、娱乐、休闲的良好环境。无障碍旅游区是以区域旅游合作经营为基础，以消除贸易壁垒为目标，构建旅游产业要素、市场、设施、信息和品牌等共享区，通过共同建设旅游交通网络、分享旅游市场和人力资源、打造旅游网络信息平台、实现旅游合作投资等方式，实现旅游资源优化配置、旅游价值最大化和旅游竞争力提升的新型旅游合作模式，如长三角无障碍旅游区。

从我国沿海地区旅游业发展现状来看，我国沿海地区旅游产业发展模式的影响因素主要包括资源因素、经济因素、生态环境因素和社区参与因素，有些地区加大旅游资源开发力度，大力开发旅游景区，走资源效益型发展模式；或采用扩展旅游经济市场规模、经济基础等经济手段，走经济拉动型发展模式；有些地区则开始意识到旅游业的重要性，当地居民、政府积极参与旅游业发展，提高旅游就业贡献率，增强社区科技实力和信息化水平，采用社区参与型旅游发展模式；有些地区则采用生态效益型发展模式，重视生态环境治理、资源系统保护。结合上文所述我国沿海地区旅游环境承载力预警调控方案，综合考虑沿海地区旅游产业开发现状，这里将探讨资源依托型模式、经济拉动型模式、社区参与型模式和生态效益型模式这四类发展模式对我国沿海地区旅游环境承载力的影响，从而确定有助于增强旅游环境承载能力、提高旅游产业发展水平的旅游开发模式。

　　资源依托型发展模式主要是指依托景区特色资源、区域水资源和绿地资源等，积极开展旅游景区投资与建设活动，开发多种类型旅游产品，以期将旅游资源优势转化为经济优势。该种模式比较适合于旅游资源丰富但是开发程度不足的区域，通过整合区域优势资源、提高旅游资源质量和陆海资源质量、完善旅游景区设施设备，增强旅游环境承载接待能力，提高旅游经济收益，促进景区旅游业快速发展，但后期应遵从生命周期理论，做好区域旅游中长期（10—15 年）旅游发展旅游规划，降低旅游景区开发速度，提高旅游资源开发质量和效率，增强旅游资源环境承载能力，避免出现旅游超载问题。

　　经济拉动型主要是指通过加快区域经济发展速度、扩大旅游经济发展效益、加大资金投入的方式促进旅游产业发展，经济拉动型发展模式下的旅游环境承载力表现出平稳发展趋势，旅游环境承载压力将会增加，旅游环境承载力缓慢发展，表明只通过提高经济发展速度、扩大经济规模、加大旅游投资等盲目开发手段不利于旅游业的可持续发展，因而改变开发商、相关政府部门这种盲目开发观念，遏制不当开发行为，力求扩大旅游经济承载能力的同时减轻环境压力。

　　生态效益型是指区域坚持可持续发展理念，通过环境污染治理、加大环保投资、扩大自然保护区面积、提高三废利用率、降低三废排放速度等方式，推动旅游业发展。这种发展模式下旅游生态环境承载能力将会得到增强，但是对于旅游环境承载力的影响较小，旅游环境承载力基本保持原始发展趋势，表明生态环境保护不仅仅是依靠提高个别指标数据就能达到改善环境的目标，而是一个持续坚持、长期保护、全民参与、共同努力的过程，需要旅游者、开发商和政府相关部门统筹协调，以可持续发展为目标，从资源开发方式、污染治理、环境保护投资和污染排放控制等对生态环境进行全面改造，从而提高旅游生态环境承载能力，促进旅游环境承载力的健康发展。

社区参与型发展模式是指以改善区域居民生活水平、增加就业率、改善基础设施条件、提高科技水平和信息化水平等方式提高区域居民参与积极性，增加居民满意度，提高旅游社会心理承载容量，从而影响旅游环境承载力的发展趋势。这种模式有利于提高旅游社会环境承载能力，提高区域居民对旅游业的认可程度和参与的积极性，提高区域旅游满意度和社区满意度，逐渐增加区域所能容纳的游客容量。但是目前旅游社会环境承载力的数值较小，对旅游环境承载力的影响程度有限，这主要是由于社区参与型发展模式对于旅游环境承载力的影响并非起到直接作用，而是通过就业率的提高、基础设施的改善提高社会环境承载力，从而改善社区环境，吸引旅游者，扩展旅游规模，需要进一步提高旅游社会环境承载力指数。

综上所述，经济拉动型发展模式会增加旅游环境承载压力，经济因素是旅游环境承载力的重要影响因素，但是对于旅游环境承载力的作用并不是唯一因素，还需要借助经济实力提高区域各项基础条件，增强吸引力，转化为旅游效益。资源依托型发展模式会增强旅游资源竞争力，提高景区容纳能力，增强区域旅游环境承载能力，但同时存在一定超载风险，表明旅游景区开发建设应当适度，做好合理规划，不能盲目扩张建设，要根据区域发展实际、发展阶段实施不同的开发方案，有效控制发展速度。生态效益型和社区参与型发展模式对旅游环境承载力的影响较小，主要是由于旅游生态环境承载力和旅游社会环境承载力基础实力较弱，还需要发挥宏观政策调控、人才组织调控、法律制度调控手段的作用，综合调控旅游环境承载力，促进沿海地区旅游可持续发展。因此，我国沿海地区旅游业发展应综合考虑经济、资源、社会、生态等要素，采用综合型发展模式，以优化资源配置为核心、以生态保护为目标、以经济发展为动力、以社会文明为纽带、以海陆统筹发展为基础、以旅游环境承载力预警系统为支撑，围绕可持续发展思想，在保持区域旅游质量的前提下，科学合理制定中长期发展规划，制定旅游产品开发、旅游资源利用、旅游市场定位、旅游经济规模等方面的发展对策，建立旅游业发展与生态环境系统之间的协调互动机制，促进我国沿海地区旅游业向集约化、标准化、智慧化、产业化、品牌化方向发展。

第七章　我国沿海地区旅游环境
承载力预警管理对策

一　构建预警管理信息系统

随着现代信息技术在旅游业中的运用，旅行社、旅游饭店和旅游景区等逐渐建立旅游管理信息系统，智慧旅游建设日益完善，在节约人力资本、提高效率、增强接待服务水平等方面发挥着重要作用。旅游管理信息系统是围绕人类需求，利用计算机软件和硬件设施、网络信息通信设备及其他相关设施，对旅游信息进行收集、输出输入、存储、分析和维护，为旅游企事业单位制定决策、执行、监督、组织和协调管理提供技术支持的人机系统。我国沿海地区旅游环境脆弱，面临各种风险因素，存在旅游环境承载力超载、弱载危机，旅游环境承载力预警分析和预测是沿海地区旅游产业发展过程中非常关键的步骤。然而旅游环境承载力预警分析与预测需要依托大量人力、物力和资金，更需要运用地理信息系统、遥感技术、多媒体技术等现代信息技术，因而建立旅游环境承载力预警管理信息系统势在必行，有利于提高旅游环境承载能力、提升旅游业发展效率、降低人力和资金成本①。

（一）系统需求
总体需求。根据旅游环境承载力预警管理需求，对旅游景区、旅

---

① 张骥:《信息化网络平台在滨海新区环境监测预警体系中的构建》，《环境科学与管理》2010 年第 3 期。

游饭店、交通等旅游企业、旅游生态环境、区域经济环境和社区环境等旅游相关信息进行管理，包括旅游企业信息管理、旅游行政部门信息管理、旅游社区居民信息管理和游客信息管理。

旅游用户需求。旅游用户需求主要是指旅游消费者或潜在的旅游消费者通过预警管理系统，查询旅游资源、旅游交通、旅游产品等旅游业相关信息，了解旅游目的地生态环境、资源环境、经济环境与社会环境承载力的警情状态，判别超载或弱载区域状况，为旅游者选择旅游目的地、旅游接待单位、旅游线路等提供依据。

旅游管理部门需求。履行管理职能，了解管辖区域内旅游景区、旅游饭店、旅行社等旅游企业的建设分布、质量等级、经营管理状况，对其进行规范化、法制化和标准化管理，维护旅游行业发展秩序，同时为旅游者提供旅游信息服务咨询、投诉、维权等服务，保护旅游消费者权益。

旅游企业需求。旅游景区景点、旅行社、旅游饭店、旅游餐饮企业、旅游购物商店、旅游交通部门等相关企业单位通过预警管理平台，宣传推广自身产品和服务，了解其他企业发展动态，掌握自身发展优劣势，了解顾客需求和满意度评价。

社区居民需求。当地社区居民了解旅游业发展动态、旅游社会效益、利益分配状况、社区文化氛围、社区参与积极性、社区监督评价等，评价社区居民满意度和心理承载力，对协调社区发展与旅游业发展起到积极作用。

（二）系统功能

数据处理功能。遥感数据、地理空间数据、年鉴数据、调查数据等数据可通过键盘输入、扫描、数字化、信息转换等方式输入系统，保障数据的客观性和合理性，并对数据的字段、单位、数值、属性等进行管理。另外，旅游环境承载力预警系统具有动态性特征，各项指标数据会随着时间变化而不断更新，因而系统还需要具备增加、减少、修改和编辑数据的功能，增强数据的及时性和现实性。

信息共享功能。系统具有共享性、开放性，可利用视频、音频、

图片、地图、3D图像、文字等方式表现不同区域的旅游资源、旅游
饭店、旅游交通路线、旅行社的名称、类型、等级、容纳量等旅游信
息，以及区域经济、生态、社会环境等区域外部环境信息，便于用户
检索查询。

预警调控功能。旅游环境承载力预警管理系统的核心功能就是预
警评价与预测功能，在各指标数据输入以后，选择评价方法和预测方
法，对研究对象进行预警现实分析和未来预测，测算警界区间，输出
预警分析报告。同时制定调控方案子系统，对于超载或弱载现象因地
制宜选择调控方案。

图形操作功能。系统借助地理信息系统技术，可根据用户需要绘
制旅游企业分布图、区域旅游环境现状图、区域旅游环境承载力趋势
图、旅游环境承载力警情分布图，并可提取区域资源、经济、环境等
要素的区位、规模、结构等相关信息，为决策调控提供可视化信息。

辅助决策功能。根据数据分析和预警评价预测结果，可获得区域
旅游业环境承载力现实和未来发展趋势，还可通过系统比较分析不同
发展模式下区域旅游业发展趋势，为区域旅游组织管理者、投资开发
商制定规划计划、战略目标、发展模式和实施方案提供依据。

用户管理功能。针对不同类型的用户进行不同类型的信息保护，
旅游管理部门信息和旅游企业信息对内具有查询修改功能，对外只具
有查询功能，便于保护用户个人信息，保障系统信息安全。旅游者个
人信息不对外开放，保护旅游者个人隐私安全。

（三）系统结构

旅游环境承载力预警管理信息系统结构复杂，涉及面广，关系到
旅游产业六大要素以及旅游系统外部经济环境、生态环境和社会环
境，需要综合运用地理学、旅游学、信息系统管理学、计算机技术等
多方面知识和技术，在遵循可靠性、易维护性、安全性、规范性和可
操作性原则下，稳步有序地开展系统结构设计相关工程。系统设计主
要包括基础数据库建设、应用系统建设、辅助支持系统建设等，构成
旅游环境承载力预警管理系统网络平台，并与全国联网，实现旅游环

境承载力信息资源的网络共享，实现旅游环境承载力信息网络与相关行业管理系统的关联和数据传输，建立沿海地区旅游跨地区、跨部门的旅游环境承载力预警信息管理系统网络平台。

1. 基础系统

数据采集子系统。数据信息是进行旅游环境承载力预警分析的基础要素。信息采集首先明确采集对象，然后通过查阅网络资料/年鉴书刊、实地调研、遥感技术等方式搜集旅游环境承载力预警指标数据，如旅游资源及土地、水资源、绿地资源、湿地资源、海岸线等资源的单体数据（名称、数量、长度、面积、规模、等级、特色、价值、知名度、集聚度）、旅游经济数据（经济规模、经济效益、产业结构、旅游企业实力、区域经济实力、基础设施条件等）、旅游生态环境数据（环境污染、海水质量、环境质量、自然灾害等）、旅游社会环境数据（科技水平、旅游教育水平、旅游就业效益、信息化水平等）。

数据库管理子系统。从数据库性质上来看，可分为空间数据库和属性数据库，空间数据库是指地理数据，选择适当的比例尺表示旅游资源、旅游企业所在区域的地理环境。为便于数据管理，应进行数据分层，利用图层来进行数据显示、表达与运算。属性数据库则是表示旅游指标要素的数值、标准值、权重值等，采用二维关系表进行储存。构建旅游环境承载力预警数据库有利于进行及时更新数据信息，便于进行信息查询、统计和分析，避免数据冗余，实现数据共享和统一。

2. 应用系统

旅游环境承载力预警系统是针对沿海地区旅游环境承载力评价的应用系统，应包括预警基础信息子系统、旅游环境承载力警情分析子系统、旅游环境承载力预警评价与预测子系统、警情预报与调控子系统、决策子系统，形成面向国家、省、市各级行政管理部门，旅游景区、旅游饭店、旅行社等旅游企业、社区居民和旅游者的旅游环境承载力预警系统，集聚历史、现在和未来三个时期的旅游信息，形成数据查询与分析、评价与预测、决策与建议等功能性应用数据库。

（1）预警基础信息子系统。主要包括旅游环境承载力预警指标体系、预警预测方法体系、警界区间划分体系。预警指标包括旅游资源环境承载力指标群、旅游生态环境承载力指标群、旅游经济环境承载力指标群和旅游社会环境承载力指标群[①]，预警预测方法包括状态空间法、模糊评价法、灰色关联法、人工神经网络法、系统动力学法、回归分析等，警界区间划分体系包括中数、众数、3σ法等警界划分法。

（2）旅游环境承载力警情分析子系统。调用指标数据和评价方法，监测区域旅游资源环境、旅游经济环境、旅游生态环境和旅游社会环境，分析旅游环境承载力存在的问题。

（3）旅游环境承载力预警评价与预测子系统。针对研究对象进行预警评价，合理运用评价与预测方法，分析不同区域旅游环境承载力警情状态，以及区域旅游环境承载力的时间变化趋势，划分警界区间，判断区域旅游环境承载力现实警情状况和未来警情变化趋势，及时反馈发生超载或弱载现象的区域状况。

（4）旅游环境承载力警度预报与调控子系统。旅游环境承载力警度预报是旅游预警系统的关键环节，根据预警分析结果，识别区域警情处于弱载区、成长区、健康区、适载区和超载区间中的范围，根据警度状况调用调控信号识别系统，判别旅游系统运行、衍化所处的警情状况，分析超载或弱载现象的原因、识别风险要素，掌握变化规律。设置不同风险状况下的调控方案和不同的发展模式，比较分析不同发展模式下旅游环境承载力的变化情况，选择适合区域发展的调控方案。

（5）信息服务与决策子系统。设计由旅游信息服务系统、公共信息服务系统、辅助决策系统，实现信息共享，为旅游决策提供依据。旅游信息服务系统主要是通过客户端软件检索查询、短信群发等方式为终端用户提供各种旅游信息和预警警报信息，同时通过管理系统发布预警信号、环境质量日报、环境污染状况、海水水质状况等信息，

[①] 邵安兆：《区域可持续发展预警系统研究》，《经济经纬》2003年第3期。

输出信息报告或者图像。公共信息服务系统主要是通过网站平台与政府、企业等企事业单位网站相链接，为政府、企业管理部门与游客提供信息查询服务，同时与其他相关部门如气象、水利、环境等相关部门网络平台相链接，实现信息共享①。

3. 辅助支持系统

旅游环境承载力预警系统数据量较大，计算复杂，为支持预警信息管理系统正常运行，还需要设计计算机辅助支持系统，包括用户管理模块、专家咨询模块和空间分析模块。用户管理模型主要是有用户信息查询、修改、密码保护等功能；专家咨询模块主要是构建专家资源库、意见库和在线咨询库等方式，搭建旅游业直接主管部门与旅游专家之间的良好合作关系；空间分析模块主要是通过缓冲区分析、空间叠加分析、网络分析等技术手段，分析旅游环境承载力的空间调控方法。叠加分析就是将不小于两层的要素信息进行叠加，便于分析。缓冲区分析是根据设定的距离条件，点、线、面要素所形成的多边形实体，便于分析旅游环境承载力缓冲带、划分旅游功能区、界定旅游环境保护范围等。网络分析用于描述事物空间运动轨迹，有利于分析资源优化方案、旅游最佳路线、基础设施规划最佳策略等。

二　完善法制管理体系

旅游法有广义和狭义之分。狭义上是指规范某个国家旅游业发展的基本宗旨与原则，保障旅游利益相关者利益的旅游基本法律②；广义上则是泛指调整旅游活动过程中旅游者与旅游经营管理者之间，以及旅游开发与环境保护之间相关社会关系的法律法规的总称，包括与旅游活动相关的法律、规章制度、行政与地方法规、各类标准、行业规范等③，具有综合性、权利平衡性、社会本位性和动态性特征，这

---

① 郭静：《旅游环境承载力及其调控研究》，硕士学位论文，南京师范大学，2004 年。
② 王健：《中国旅游业发展中的法律问题》，广东旅游出版社 1999 年版。
③ 赵林余：《旅游法概论（第一版）》，法律出版社 1995 年版。

里主要采用广义旅游法的概念。旅游法的制定与实施有利于规范各旅游主体的权利、义务与责任，维护旅游主体的合法权益，保障旅游产业的健康运行，健全国家的法律体系。

二战结束以后，美国、日本等发达国家纷纷发展旅游业，与此同时，为规范各项旅游活动和旅游市场行为，这些国家紧锣密鼓地开展了旅游立法工作，在旅游活动和人们的日常生活中发挥了重要作用。美国不仅是世界旅游强国，旅游资源、经济实力和旅游市场竞争力在世界处于领先地位，而且也是世界上颁布和制定旅游法律较早的国家，围绕资源保护和环境优化的目标，形成了比较完善的旅游法律体系，主要包括旅游基本法、单项旅游及相关法律法规、地方法律法规三大类别。1979 年 5 月，美国颁布了国家旅游基本法——《全国旅游政策法》，对旅游资源保护、国家发展旅游业的积极作用、旅游政策委员会的设立、旅游者政策与游览发展公司运行政策等方面予以规范，尝试将各级政府部门、社会组织与民众紧密相连，建立一种合作关系，以更好地贯彻执行国家旅游法律政策①。单项法律法规也是美国旅游法律体系的重要构成要素，主要包括旅游资源开发利用与环境保护、动植物资源保护、住宿餐饮业经营管理、旅行社经营管理等方面的法律法规，如《国家公园基本法》《野生动植物保护法》《原始风景河条例》《野外旅游条例》《诚实菜单法》等单项旅游法规。另外，美国各州在贯彻执行旅游基本法的基础上，根据本州旅游业发展现状，以资源保护和环境优化为目标，制定了一系列地方法规，在促进旅游业发展方面起到更大的积极作用，如《黄石公园法》《加利福尼亚州旅游政策法案》《弗吉尼亚法典》《清洁空气法》等。

20 世纪 60 年代以来，日本秉承"观光立国"的理念，积极发展旅游业，逐渐成为世界最大的旅游客源国之一。在旅游业的发展过程中，日本制定了许多法律法规，形成了以旅游基本法为基础、专门法

---

① 杨富斌、王天星：《西方国家旅游法律法规汇编》，社会科学文献出版社 2005 年版。

规为主体、相关法律规定为补充的法律体系，有效促进了日本旅游产业的快速健康发展。1963 年 6 月，日本颁布了《旅游基本法》并于 1983 年 12 月进行修订后，《旅游基本法》作为日本旅游产业发展的纲要性文件沿用至今，它包括旅游产业发展基本方针、旅游产业发展目标对策、旅游基础设施建设要求、旅游资源开发和保护原则等方面内容，为旅游产业实现可持续发展提供法律保障。旅游专门法规是针对旅游业直接相关行业（如旅行社、酒店业、餐饮业等）而专门制定的法律法规，如《国际旅游事业资助法》《翻译导游业法》《旅行社法》《国际旅游振兴会法》《促销国际会议法》等①。另外，日本还在一些与旅游产业间接关联的行业法律法规中对旅游产业提出一系列要求和规定，对旅游资源保护、环境治理和旅游调控等方面起到重要规范作用，如涉及旅游资源开发和环境保护相关法律法规包括《温泉法》《国立公园法》《林业基本法》《自然公园法》《文化财产保护法》《森林组合法》等；涉及旅游开发相关法律法规有《城市规划法》《国土综合开发法》《国土利用计划法》等②；涉及旅游基础设施建设与经营管理的法律包括《食品卫生法》《公共浴池法》《消防法》《建筑标准法》《海上运输法》《公路法》《停车场法》等；涉及旅游安全调控预防的法律法规有《不发达地区对策紧急措施法》《综合疗养地区整治法》《修建城市公园紧急措施法》等。

我国旅游法制建设始于 20 世纪 50 年代，历经 60 多年的发展，旅游法制体系逐渐完善，在保障旅游业发展方面起到越来越重要的作用。我国旅游立法始于 1950 年 11 月，是以公安部发布的《外国侨民旅行暂行办法》《外国侨民出境暂行办法》为标志。这一时期的法规主要是出于政治目的，将旅游业作为政绩或国际交往的手段，颁布了一系列法规，如《关于改进旅游接待工作的意见》等。改革开放以后，随着旅游业的深入开发，我国更加注重旅游法制管理，1982 年

---

① 姜子瑜：《论我国旅游立法的完善》，硕士学位论文，华侨大学，2008 年。

② 廖柏明：《日本旅游资源环境法律政策研究之二——以日本熊本县区域为例》，《社科科学家》2006 年第 5 期。

开始起草《旅游法》，1985 年我国发布了首部旅游行政法规，即《旅行社管理暂行条例》，并相继出台了多部旅游行政法规及部门规章，旅游法制建设进入初步发展阶段，标志着我国旅游产业进入有法可依的法制管理阶段。1990 年以后我国呈现国内市场、入境市场和出境市场全面发展的阶段，旅游业在区域经济中的作用愈加凸显，各地纷纷制定地方性旅游法律法规和部门规章制度，1996 年海南省发布《海南省旅游管理条例》，率先在全国发布地方法规，国家旅游局颁布《旅游安全管理暂行办法》等，我国旅游法制管理体系不断完善，对旅游业的法律约束能力逐渐增强。21 世纪初，我国加入 WTO 组织，旅游业发展更加重视旅游法律的支持作用，2001 年颁布《国务院关于进一步加快旅游业发展的通知》，有效指导了宏观综合性旅游立法，2002 年和 2006 年国家旅游局分别发布了《中国公民出国旅游管理办法》和《中国公民出境旅游突发事件应急预案（简本）》，加强了出国旅游的法制管理。2013 年 4 月 25 日我国正式发布《中华人民共和国旅游法》，同年 10 月 1 日开始实施，对旅游者合法权益、旅游景区开发和环境保护、旅游安全、旅游纠纷处理、旅游市场秩序、旅游服务合同等方面进行了规定，是我国旅游业发展的首部纲领性旅游基本法，具有权威性、强制性和约束性，完善了我国旅游法制管理系统。但是与发达国家相比，我国旅游法制管理仍然相对滞后，存在法制建设和旅游发展不相适应、缺乏旅游环境保护和旅游调控方面的专门法规等问题。我国沿海地区旅游环境系统比较脆弱，旅游业发展给环境带来诸多负面影响，旅游环境承载力存在超载风险，因而更需要建立健全旅游法制管理体系，使旅游开发行为有法可依、有章可循，有效治理环境污染、调控旅游环境危机，降低旅游发展对环境的破坏，促进旅游业生态效益、自然效益、经济效益与社会效益的和谐统一。

首先需要各地区严格贯彻实施《旅游法》中对环境保护和旅游开发方面的规章制度，明确各级政府部门的权利、义务，制定具体实施细则与办法，构建执法机构和执法队伍，强化执法人员的执法权限和执法力度，做到依法兴旅、以法治旅。其次，各地区应贯彻落实相关法律法规对环境保护的相关规定，如依据《环境保护法》加大对自然生态系统、历史遗迹、动植物资源和海洋环境的保护力度，根据《中华人民共和国文物保护法》，严格控制旅游开发对文物保护单位、周边环境及其基础设施的消极影响；根据《循环经济法》旅游餐饮、娱乐、酒店等接待单位应采用低碳、环保、节能、节水的设施设备；依据中国《大气污染防治法》《水污染防治法》《固体废弃物污染环境防治法》《野生植物保护法》等控制污染物排放量，禁止在风景名胜区、文物保护单位、自然保护区周边建设任何污染设施，保护动植物资源，加强土地资源管理。再次，沿海地区应根据《旅游法》及旅游产业发展现状，针对旅游资源开发建设、滨海旅游区环境保护、滨海旅游区环境污染治理等方面制定地方性专门法规或标准，如禁止旅游企事业单位以及滨海沿线企业向滨海直接排污，提倡各企事业单位加强自我污染治理，制定严格奖惩措施，对排污企业根据排污等级进行惩罚，对进行污染控制、环保治理和环境保护的企业或个人，提供直接资金补贴、减免税收、特批经营权等方式予以激励；鼓励旅游企业使用绿色能源资源，征收能源资源使用费用，降低旅游交通对海域环境的污染；建立滨海土地利用税，控制旅游房地产开发速度、规模和建设标准，避免旅游热点地区旅游过度开发，限制围海造陆行为；制定旅游淡旺季调控政策，控制旅游旺季游客规模，平衡游客淡旺季差异，颁布旅游应急事故处理办法，以应对各类游客超载和突发事故问题；加大旅游环境污染治理、旅游资源开发、旅游景区管理、旅游文物保护、自然灾害预报、安全消防、环境卫生管理和旅游业预警调控等方面的资金投入政策，为旅游业发展提供强大的资金和技术支持。

　　总之，通过健全我国沿海地区旅游法律法规体系，加强政策制度管理力度，形成以旅游基本法为轴心、以旅游专项法规为辅助、以相关法律法规为支撑的法律保障机制，为保护滨海生态系统、旅游资源和旅游环境提供法律依据，减少决策的片面性和盲目性，促进滨海生态环境保护与旅游产业协调可持续发展。

三 协调利益相关者关系

　　旅游业是综合性较强、涉及面较广、关联性较高的服务性产业，旅游业发展演化过程实际上也是旅游业相关的个人、群体与其他个人、群体或环境相互作用、相互影响的过程，而这些个人、群体就被称为旅游利益相关者。旅游利益相关者包括核心利益相关者（各级政府、旅游企业、社区居民、旅游者）、支撑利益相关者（竞争对手、社会公众、非政府组织）以及受旅游业间接影响的其他非人类、潜在的利益主体。这些利益相关者特别是核心利益相关者的价值取向、行为方式和思想观念等对于调控旅游超载问题、促进旅游业可持续发展至关重要。

（一）组织管理者

　　首先，培养沿海地区旅游目的地组织管理者的风险预警意识和危机管理思想，为旅游环境承载力预警管理、调控决策提供科学、合理的决策思路和战略目标。为此，沿海地区组织管理者应形成风险危机意识，对于旅游环境承载力警情问题的状态级别、警源要素、警情危害程度、排警调控方案等方面有充足的了解，形成敏感反应神经系统，当区域旅游环境承载力的警情状态处于弱载或超载区间时，能够在最短的时间内形成危机反馈[①]。旅游环境承载力警情发生具有滞后性特征，旅游环境承载力超载或弱载现象的滞后性时间长短与组织管理者密切相关，如果组织管理者的风险意识、危机感较强，那么滞后性时段就会缩短，降低风险危害级别。另外，沿海地区旅游组织管理者在规划制定和战略决策实施过程中，应以当地实际情况为基础，以可持续发展观为指导思想，将危机预警工作纳入行政管理的重要内容，不能只重视经济利益忽略环境效益、社会效

---

　　① 曾琳：《旅游环境承载力预警系统的构建及其分析》，《燕山大学学报》2006 年第 5 期。

益，切忌过度开发和盲目建设行为，应加快滨海旅游资源和海岛资源的普查和评价工作，制定更为科学、合理和适应旅游业发展需求的海洋旅游、海岛旅游和邮轮旅游等旅游发展规划，建立及时、灵敏、激励的旅游环境承载力预警管理系统，健全旅游环境质量评价、环境影响评估体系。

其次，完善旅游环境承载力预警组织管理团队，提高整体素质和预控能力。引进环境管理、资源管理、旅游环境学、旅游开发与规划、风险管理、计算机技术和地理信息预控技术等方面的高层次人才，组建预警管理和旅游开发专业技术团队；聘请旅游学界、环境学界、地理学界等领域的专家、教授作为顾问，充分利用其社会经验、知识理论和专业技术条件等，为政府决策提供可行性建议和意见；加大预警知识培训力度，编制旅游预警防控手册，学习旅游风险、旅游环境承载力、预警知识及其调控技术，利用网络、视频、电视、博客论坛等方式进行宣传教育，增强组织管理者资源保护意识，通过现场实验操作、案例模拟等方式提高预警识别能力、监测能力和调控能力。旅游环境承载力预警组织管理团队应以预防、降低和调控风险为目标，以自我提高、提前预防、及时调控和综合管理为主要职能，科学分析和预测各地区旅游环境承载力，监测旅游环境承载力预警系统运行，对弱载或超载警情发出警号，并诊断调节旅游环境承载力预警系统，降低风险，是旅游目的地实现资源优化、环境保护与可持续协调发展的领导核心。

再次，提升旅游组织管理者领导职能，加强合作管理。旅游组织管理者主要是指旅游政府管理部门，包括国家及各地旅游局与各大景区管委会，要实现旅游业可持续发展应该提高旅游管理部门的权限和领导职能，增强国家级对省级、市县级政府部门的绝对管理权限，提升旅游局在同级行政单位中的管理地位，强化旅游业话语权。同时滨海旅游业发展与多个领域密切相关，旅游业相关资源、环境保护等又受到住房和城乡建设部、环境保护部、发展和改革委员会、文化部、国土资源部、公安部等其他部门的管理，因而要实现旅游业可持续发展，还应该加强旅游主管部门与这些相关行政部门的合作管理，在互惠互利、共同管理、资源共享、协作协调的原则下，以资源优化和环境保护为前提，建立起旅游预警行政管理系统。

（二）投资开发者

旅游投资开发者是旅游业的直接主体，其发展思路、价值观念、思想素质等关系到旅游开发方向和发展形态。沿海地区出现的诸多环境问题和超载现象与盲目开发行为、过度捕捞、滥砍滥伐等不当行为密切相关，因而，为促进旅游业可持续发展，旅游投资开发者应树立风险意识和预警理念，进行有效的科学规划、资金管理和游客容量调控管理，实现经济效益与环境效益、社会效益的协调统一。

首先，应开展旅游资源开发的可行性研究，制定科学发展规划。旅游资源特别是滨海旅游资源具有脆弱性、难以修复性，旅游项目建设对旅游资源会有不同程度的影响，因而旅游投资开发商在资源开发之前应从经济、社会和环境效益对旅游资源进行全面衡量和评价，权衡利弊，因地制宜地制定具体详细的项目建设和调控方案，尽可能保持旅游资源原真性和生态系统多样性、协调周边辅助设施景观、治理环境污染，促使旅游资源集约利用、合理开发。

其次，应贯彻落实相关政策法规，加大旅游环境管理方面的资金投入。旅游投资开发商应自觉遵守相关政策法规，尊重自然发展规律，树立生态、低碳、循环、绿色、预警的发展理念，设立环境治理、景区维护、循环利用专项资金，开发低碳旅游产品、绿色旅游路线、使用低碳能源、绿色交通工具、环保建材、节能型日常生活用品，进行清洁生产、运营，加强水资源、电力系统、旅游物资耗材等方面的循环利用，减少污染排放，提高资源利用效率。特别是辽宁作为工业大省，环境污染较为严重，因而加大环境治理力度和使用清洁能源对于辽宁旅游环境承载力的提升具有重要意义。

另外，还应该加强针对旅游者的宣传教育工作。通过设立公共宣传栏、播放动态影视宣传片、布设相关书籍和游客指南等方式对游客进行环境教育，对其旅游行为做出良好的指导。并规范导游、旅游服务人员、旅游高级管理人员等从业人员的个人行为和思想意识，形成自觉保护环境和资源、预警预防的意识，提高应急调控、管理与处理能力，通过他们的身体力行，使旅游者受到感染、得到教育。

（三）社区参与者

旅游目的地发展不仅仅是大量人流、物流、商流集聚的过程，更是旅游业与当地社区相互作用、相互影响的过程。旅游业发展初期会为社区居民提供就业机会、提高生活水平和改善区域基础生活环境，当地居民体会到旅游业的积极作用，对旅游业表现出接纳态度，居民逐渐加入到旅游业开发过程中来。随着旅游业的发展，旅游业造成交通拥堵、资源破坏、环境污染、物价上涨等负面影响，占用当地居民大量空间和资源，使当地居民心理产生了较大压力，出现不友好态度，甚至部分居民被社会化、同质化，出现不良经营行为，降低了区域旅游社会环境承载力，影响了旅游业的可持续发展。因而需要正确处理旅游社区与旅游业之间的关系，加强社区参与者行为管理，通过培训、教育等方式提高社区参与者环境保护意识和预警理念，在制定规划、旅游政策过程中关注当地居民的社会观念、风俗习惯、社会文化氛围、生活方式等人文环境，制定利益分配标准，创造更多就业机会，提高社区居民参与决策、经营决策的程度，并发挥社区居民监督作用，推动区域社会和谐发展。

（四）旅游消费者

旅游消费者规模是旅游环境承载力容纳能力的最终表现，也是影响旅游环境承载力大小的关键要素。树立旅游消费者正确旅游消费观念、价值观和旅游文明意识，特别是在开展海洋旅游活动过程中，增强个人责任感，能够自觉保护资源，遵守相关规定标准，提高自我约束能力，禁止任何破坏资源和环境行为。另外，旅游消费者应该认真学习各类预警、风险知识，增强风险意识和预警防范能力，提高应对各类意外事故的能力。

四 优化系统内外部环境

旅游环境承载力预警评价与预测分析结果表明，旅游环境承载力主要受到旅游经济环境系统、旅游资源环境系统的影响，而旅游生态环境承载力和旅游社会环境承载力较小，对旅游环境承载力预警综合指数影响作用相对较弱。因而，确保旅游环境承载力系统正常运行应做好旅游经济系统和旅游资源系统维护与提升工作，同时还应该提高生态环境和社会环境系统功能，提升承载能力。

旅游经济环境承载力不仅受到旅游服务设施等内部发展要素的制约，同时也受到区域基础设施条件和相关产业实力等外部因素的影响。旅游经济环境承载力的提升应从内、外经济因素出发，提高旅游供给能力和接待服务水平，扩展旅游市场覆盖面积，支撑旅游业的健康发展。

首先，应加快旅游基础服务设施建设。沿海地区应对旅游饭店餐馆、旅游景区、旅行社和旅游购物商店等旅游企业服务接待设施的规模、类型等级、分布密度、客流变化、容纳量和服务水平进行全面调查和评价，分析其基本接待能力和质量，根据结果制定旅游服务设施数据资料库和调控方案，有效控制旅游服务质量。随着旅游业的发展，旅游服务设施规模应与市场需求相适应，适度扩大规模，在解决游客基本"食、住"需求的基础上，设置酒吧、游泳馆、小型剧场、娱乐场、商场等康乐购物设施，逐渐增加游、购、娱等功能，加大顾客满意度和游客重游率。同时旅游企业应加强国际设施建设，配备外语翻译和服务人员，设置外文导语、外文菜单、国际商品和食品等，适应国际旅游市场发展需求，提升入境旅游市场接待能力和服务质量，进一步优化旅游产业结构。贯彻实施相关标准规范，不断提高旅游企业质量，提升旅游企业发展层次级别，同时，适度扩大中档旅游企业，增强低档旅游企业质量和服务能力，形成多层次旅游企业服务体系，满足不同旅游者的多样需求。

其次，不断完善基础设施。区域基础设施关系到旅游目的地的可达性、便捷性和物质经济基础，是保障旅游目的地顺利开展的基础条件，区域基础设施条件的好坏关系到区域经济环境的承载力。因而，沿海地区旅游业发展需要进一步加强交通、供水、供电、供气、通信、港口码头、信息网络、污水处理等基础设施建设，提高区域城市化水平，优化资源配置，在城市基础规划中融入旅游功能，既满足区域生活生产需要，又能够满足游客旅游需求，创造良好的区域旅游业发展环境。沿海地区基础设施条件存在差异，上海、广东、浙江、江苏等经济发达地区优于福建、辽宁、广西等地，经济发达地区基础设施条件较好，今后应保持优势，做好日常维护和管理工作，而基础设施相对较弱的地区应加大基础设施建设力度，增强旅游经济环境承载能力。

再次，合理规划与开发旅游资源，优化旅游资源配置。旅游资源是旅游产业发展的客体，旅游资源环境质量、规模和承载能力关系到旅游业吸引力和发展潜力。旅游资源调查是开发利用旅游资源的前提条件，沿海各地首先应调查评价旅游资源的规模、类型、等级、分布和价值，包括有居民海岛和无居民海岛旅游资源、海底旅游资源、海滨旅游资源、海上旅游资源以及海洋人文旅游资源，分析已开发景区景点的开发利用程度、优劣势状况和未开发资源的发展潜力和发展模式，根据资源现实状况划分不同的发展空间，对于已开发景区资源进行修复性治理和保护，降低开发速度，增加开发质量效益，提高资源价值和等级，对于未开发资源则要加大开发力度，但对于珊瑚礁、珍奇动植物资源、海滨湿地等不可再生性脆弱资源要进行特别保护，以可持续发展理念为指导，以游客满意为目标，编制合理的旅游景区开发规划，制定景区合理容量和最大容量，严格贯彻旅游资源开发各项标准和法规，实行"谁开发谁治理"原则，一旦出现有损旅游资源的行为严格追究责任。旅游开发过程中应根据区域旅游发展需要，合理掌控开发强度，并用发展的眼光着眼于未来需求，旅游资源开发强度应在区域资源系统可接受范围内，避免过度开发行为破坏旅游资源，产生旅游资源超负荷利用，同时也避免过度闲置，造成资源浪费行为。另外，水资源是影响沿海地区旅游业发展的重要资源，水资源利用包括水资源造景、日常生活饮用水、经营用水等，树立节水思想，建立水资源循环利用系统、污染水资源处理系统，配备节水设施，为旅游业发展提供充足水源，同时利用水资源与旅游资源相结合，形成独特的水域景观。绿地资源和湿地资源同样也是旅游资源的重要补给，应纳入旅游资源开发体系当中来，旅游资源发展规划中应保障绿地资源的规模和保护湿地资源，保持良好的绿色景观。

最后，增强旅游生态环境系统弹性。生态环境系统具有自我修复能力，在一定时间和地域范围内，通过与外部环境的物质、能量运动可缓解系统压力和干扰，保持系统正常健康运行。但当生态环境系统遭受破坏程度超过系统修复能力，则会造成生态系统修复能力丧失，结构不协调，能量循环受到阻碍，最终会造成系统崩溃。不同的生态环境系统修复能力存在差异，这主要取决于生态系统的弹性强度，关系到系统的调节修复能力和抗干扰能力。旅游目的地生态环境弹性强度受到地质地貌、土壤植被、水文气候等内部因素的影响，同时也受到污染排放、污染治理、环保力度、海域自然灾害等外界因素的干扰。旅游生态环境系统的弹性系数并不是越大越好，而是有极限范畴，当外界因素干扰作用过大，超出旅游生态环境系统自我修复功能，则会使旅游生态环境系统产生恶变现象，造成难以修复的损失。沿海地区旅游生态环境系统较中西部地区旅游生态系统更加脆弱、易损而难以修复，特别是滨海旅游业的长时间发展造成海岸线侵蚀、珊瑚礁生态系统破坏、海底珍稀动植物资源减少、海平面下降等问题，对滨海旅游开发甚至区域经济发展带来了负面影响。因此，沿海地区旅游发展过程中，应充分考虑旅游生态环境系统的弹性强度与限度，依据旅游生态环境系统的弹性强度，因地制宜地确定旅游发展模式和目标，并不断提高旅游生态环境系统弹性限度系数，增强沿海地区总体旅游生态环境承载力。上海、天津旅游资源相对较少，经济社会和旅游业发展带来的环境污染问题又比较严重，因而其旅游生态环境系统弹性强度和限度较低，旅游生态环境承载力较弱，需要加大区域生态环境保护力度，增强生态环境承载能力；江苏、山东资源类型相对较多，植被状况和生态环境系统较好，其旅游业生态环境系统具备一定修复能力和调节能力，仍然具有发展空间，但旅游开发过程中应进一步增强旅游生态环境承载能力同时注重生态保护和环境治理。

五　划分旅游主体功能区

旅游空间管理是对区域的旅游业外部环境的功能定位、发展方向和路径的整体规划，是旅游环境承载力预警管理体系的重要组成部分。在综合考虑我国沿海地区旅游环境承载力空间分布、发展趋势和影响作用等要素的基础上，结合滨海海洋功能区划、旅游功能区划内容框架，围绕可持续发展思想，坚持区域分异性、长远性、预见性和可行性原则，以省域单元为研究对象，以预防超载或弱载危机为目标，将沿海地区划分为旅游先行发展区、旅游示范建设区和旅游重点保护区，统筹陆域资源和海域资源协调发展，规范旅游目的地开发秩序，分析旅游定位、功能、发展思路和路径，确定区域旅游环境承载力调控方案，有重点、分步骤地提高区域旅游业整体承载水平，实现经济利益和环境效益的双赢。

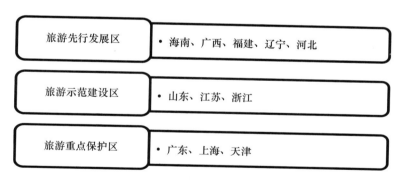

旅游先行发展区	• 海南、广西、福建、辽宁、河北
旅游示范建设区	• 山东、江苏、浙江
旅游重点保护区	• 广东、上海、天津

图 7 - 1　我国沿海地区旅游环境承载力功能区划分

（一）旅游先行发展区

旅游先行发展区是指旅游环境承载力预警指数不高且发展缓慢的区域，主要包括海南、广西、福建、辽宁和河北这五个地区，是我国沿海地区旅游业发展的后备资源和重点培育区。该区域集聚了海岛风光资源、滨海自然旅游资源、温泉旅游资源、湿地旅游资源、热带动植物景观、山水景观、冰雪景观等自然景观，以及清朝文化、少数民族风情景观、建筑艺术景观、宗教文化资源、海洋文化资源等特色人文资源，旅游资源发展空间和生态环境承载空间较大，但旅游经济发展相对落后，基础设施有待完善，旅游接待能力有限，社区参与程度较低。

该区域的重点是在注重环境保护和资源优化配置的基础上，发挥旅游资源优势和空间优势，增加旅游资源开发投资资金，因地制宜开发特色旅游产品，积极建设旅游基础设施、开发旅游特色产品、构建便利的旅游交通网络，提高区域旅游知名度和竞争力。海南是区域发展的重心，应加快落实国际旅游岛发展战略，以环境保护和资源优化配置为宗旨，充分发挥珊瑚/红树林/海草床等海洋生态资源、热带雨林旅游资源、温泉旅游资源、海岛民俗风情文化/黎苗文化/戏剧文化/时尚艺术文化/会展节庆文化等文化旅游资源，开发海洋旅游、热带海岛森林旅游、乡村旅游、康体养生旅游、文化体验旅游、邮轮游艇旅游产品，打造个性化、品牌化、国际化旅游景区，提升旅游景区接待能力；建立健全交通、教育、旅游企业等相关基础设施，完善旅游服务质量评价体系、监督监管体系、风险保障体系、安全救援体系等，强化社会监督作用，不断增强整体旅游环境承载能力；合理布局旅游产业要素，协调省内旅游目的地差异，针对旅游业发展相对成熟的海口、三亚，应加强游客管理、资源治理和环境保护，同时积极打造其他旅游目的地，如文昌、澄迈等地开发休闲渔业，琼海、万宁重点发展滨海度假、会议会展、生态渔业旅游，东方、昌江、儋州等地利用港口条件打造旅游集散地，开发海洋牧场、远洋捕捞旅游等产品，一方面起到游客分流作用，减缓主要旅游目的地承载压力，另一方面能够增强旅游吸引力，扩展游客市场，带动区域整体协调发展。

广西拥有滨海景观、山水景观、边境景观、民族风情景观和红色旅游景观等多种类型旅游资源，森林覆盖率在全国排第四位，生态环境优越，水资源充足，区域知名旅游品牌桂林因"桂林山水甲天下"而享誉国内外，也是区域旅游产业发展的重点区域。广西旅游生态环境承载能力在沿海地区相对较好，旅游经济环境、资源环境、社会环境和综合环境承载力在沿海地区处于中等以下水平，未来广西旅游业发展应发挥旅游资源优势和生态环境优势，抓住建设广西北部湾经济区的良好发展机遇，在保护海洋渔业资源、水产资源、旅游资源和海域生态环境的基础上，合理加大资源开发力度，平衡旅游业区域差异，构建以桂林为核心、以北部湾/红水河流域为两翼的旅游目的地体系，打造桂林、南宁、梧州、北海四大旅游节点，积极培育桂林山水旅游、刘三姐民族风情旅游、北部湾滨海旅游、中越边境旅游、巴马长寿养生旅游等旅游品牌，形成由休闲度假、观光娱乐、康体养生、乡村旅游、会展商务、宗教文化体验等多元化旅游产品体系，不断完善旅游交通网络、旅游接待能力、旅游公共服务环境和旅游产品体系，培育优质旅游人才队伍，发挥社区参与旅游产业开发过程、监督旅游经营管理的作用，合理分配利益结构，提高旅游服务接待能力、旅游社会接待能力和旅游环境承载能力。

福建地理位置独特，毗邻台湾，闽台旅游成为我国对台开发的重要路径，福建旅游资源丰富，拥有自然遗产、山海景观、滨海海岛景观、森林景观等自然风貌，同时集聚了客家文化、闽南文化、妈祖文化、海洋文化等文化资源，厦门、鼓浪屿、福州等旅游目的地得到国内外旅游者的推崇。旅游业在区域中的地区逐渐提升，随着《海峡西岸经济区发展规划》的贯彻实施，海峡旅游开发成为福建"十三五"期间的工作重点。对比而言，福建旅游资源环境承载力指数在沿海地区相对较高，并呈逐年递增趋势，旅游经济环境承载力、旅游生态环境承载力、旅游社会环境承载力和综合环境承载力在沿海地区处于劣势地位，这与区域自然灾害频发、交通网络不健全、经济实力不高、基础设施不完善等因素密切相关。未来福建旅游业应以培育海峡旅游为目标，以可持续发展为指导思想，以厦门、福州、泉州、武夷山、泰宁、湄洲、漳州等旅游目的地为重要节点，充分利用温泉资源、滨海旅游资源、自然与文化遗产景观、地质地貌景观等旅游资源，深度挖掘温泉文化、红色旅游文化、土楼文化、妈祖文化、畲乡文化、养生文化、历史文化、"海丝"文化等文化资源，打造滨海旅游、生态旅游、文化旅游、温泉旅游、乡村旅游、康体旅游、会展旅游和红色旅游产品品牌,积极培育小城镇旅游目的地,推进城镇化进程,加快旅游交通、旅游饭店、旅游购物、旅游餐馆等旅游接待服务体系建设,增强区域旅游环境综合承载能力,塑造优越的旅游发展环境。同时应注重环境保护和危机预防,走低碳、环保、节能的旅游发展之路,完善旅游公共服务设施和智能旅游平台,建立旅游安全预防、预报、监测、调控保障机制,以及旅游环境承载力预警调控机制,提高区域应对突发事件和调控超载或弱载现象的能力。

河北位于环渤海地区和京津冀都市圈,地理位置优越,拥有滨海度假旅游资源、温泉旅游资源、草原生态资源、农业观光旅游资源、冰雪旅游资源,以及历史遗址遗迹、皇家文化、长城文化、宗教文化、民俗文化、葡萄酒文化、太极文化、杂技文化以及休闲文化等文化旅游资源,形成了以承德、秦皇岛为核心的旅游目的地,旅游市场规模和效益逐渐提高。河北旅游环境承载力综合指数、旅游经济环境承载力和旅游社会环境承载力预警指数在沿海地区排名最后,旅游资源环境承载力排名第九,旅游生态环境承载力排名前五名,并呈现递增发展趋势。鉴于这种发展现状,河北省旅游业应在扩大景区规模和数量的同时,注重环境保护和资源可持续利用,加大生态环境特别是海域环境治理和保护力度,利用资源发展空间,深度开发乡村旅游、红色旅游、文化体验旅游、生态旅游、冰雪旅游、温泉疗养旅游、工业旅游和购物娱乐旅游。

辽宁是我国东北地区唯一的临海省份,交通便利,工业发达,拥有温泉资源、滨海景观、湿地资源、山水景观等自然景观,以及历史文化、海洋文化、遗产文化、红山文化等文化景观,形成了大连、沈阳、丹东、锦州、营口和葫芦岛等城市著名旅游城市,旅游经济地位不断提升。辽宁省旅游经济环境承载力和旅游综合环境承载力预警指数在沿海地区排名第二,呈现逐年递增趋势,旅游资源环境承载力、旅游生态环境承载力和旅游社会环境承载力相对较低,发展缓慢。为此,辽宁省未来旅游业发展应积极贯彻落实沿海经济发展战略,以生态环境治理为首要任务,合理规划海域旅游用海空间,统筹旅游业与海洋产业、重工业协调发展，以特色资源开发和产品创新为基础，突出休闲娱乐、度假养生功能，大力发展滨海旅游、红色旅游、生态旅游、海岛旅游、历史文化旅游、边境旅游、冰雪旅游等旅游产品，平衡因区域季节性而造成的淡旺季差异，发挥旅游集聚区、旅游带、城市群集聚效应，注重开发旅游小城镇，提高区域旅游综合环境承载能力，打造东北地区滨海旅游品牌。

（二）旅游示范建设区

旅游示范建设区是指旅游环境承载力平稳发展且基础数值处于中等排名的区域，包括山东、江苏、浙江三个地区，是我国沿海地区未来旅游产业发展的重点开发和示范建设区。该区域地域广阔、资源丰富、区位交通便利、经济实力较强，可开发利用资源空间较大，形成了滨海休闲度假旅游、生态旅游、海岛旅游文化旅游、休闲度假旅游和文化旅游产品体系。该区域发展的重点是走质量效益型发展之路，优化旅游资源配置、提高资源利用效率，将资源优势转化为经济效益，提高旅游业规范化、标准化和国际化水平，增强旅游整体环境承载能力，推动区域整体协调发展。

山东省是环渤海地区的旅游大省，旅游资源规模较大，旅游景区建设日益深入，旅游市场效益逐渐提升，"好客山东"的旅游品牌效应逐渐扩大，并积极实施"黄河三角洲经济区"和"山东半岛蓝色经济区"发展战略，生态旅游、滨海旅游将会是山东旅游业发展重点。山东省未来旅游资源环境承载力、生态环境承载力呈现持续上升趋势，将会上升到沿海地区第二、第三位，发展趋势良好的同时也存在旅游超载危机，旅游社会环境承载力、旅游经济环境承载力和旅游综合环境承载力预警指数则相对较低，与资源优势地位不相匹配。因而，未来山东省旅游业的发展需要进一步加大旅游资源开发力度，强化休闲娱乐、海洋保护、港口航运等功能，统筹发展海陆资源，不仅要扩展旅游规模更重要的是提升旅游服务质量，深入开发生态旅游、低碳旅游、文化旅游、邮轮旅游、葡萄酒旅游、康体娱乐旅游、海洋旅游等旅游产品，协调旅游资源开发经济效益、生态效益、社会效益，传承"好客山东"品牌，拓展国际旅游市场，实现旅游业标准化、个性化、规范化、一体化、信息化发展，提高旅游社会环境承载力与综合环境承载能力。同时应注重监测旅游环境超载问题，协调淡旺季游客规模，制定旅游危机调控预案，以有效应对浒苔、海湾溢油事件等意外事故对旅游环境承载力的影响。

江苏省拥有古典园林景观、滨水休闲景观、水乡古镇、历史文化等旅游资源吸引了众多游客，旅游业发展迅速，未来旅游经济将持续增长，发展环境不断优化，旅游业在区域发展中占有重要地位。江苏未来旅游生态环境承载力跃居第一，旅游资源环境承载力呈现递增趋势，2015 年将排名第二，旅游经济环境承载力、旅游社会环境承载力和旅游综合环境承载力呈现稳步增长态势，排名一直保持中等水平。未来江苏省旅游业发展应抓住长三角一体化与沿海大开发两大国家发展战略机遇，围绕可持续发展目标，以休闲娱乐、文化体验、海陆资源开发与保护为主要功能，融合山、河、江、海、港、城、桥、岛等资源要素，创新开发城市旅游、生态旅游、乡村旅游、休闲度假旅游、红色旅游、工业旅游、科技旅游、体育旅游、文化体验旅游等多种旅游产品，因地制宜采用旅游圈、旅游带、集聚区、旅游综合体等发展模式，旨在提升旅游产业规模、质量和效益，统筹城乡发展，实现效益最大化、旅游国际化、科技信息化、产业融合化、服务标准化和产品多元化目标，保持区域旅游业稳步可持续发展，提升旅游环境综合承载水平。

浙江省位于长江三角洲的南部，地理位置优越，集聚了山体地质景观、水域风光、生物景观、海域景观、遗址遗迹和历史文化景观等多种类型旅游资源，旅游资源丰富，旅游价值较高，是我国著名的"鱼米之乡、丝茶之府、文物之邦和旅游胜地"[①]，拥有乌镇/西塘等江南古镇、杭州西湖等著名旅游目的地。浙江旅游资源环境承载力呈现递增趋势，2025 年将在沿海地区排名第一，旅游生态环境承载力、

---

① 袁锦贵等：《浙江"老字号"文化旅游资源开发利用的模式与途径》，《兰州学刊》2010 年第 6 期。

旅游社会环境承载力、旅游经济环境承载力和旅游综合环境承载力排名前五，都表现出平稳发展态势。未来浙江旅游发展应以保护滨海湿地、海岛海湾等海陆生态系统为目标，加快建设舟山旅游综合改革试验区，深入挖掘旅游资源，提高旅游资源效率，完善旅游接待设施，建立健全海陆交通网络，打造城、镇、乡、景区等多层次旅游目的地，开发休闲度假旅游、自驾车旅游、养生保健旅游、温泉旅游、邮轮游艇旅游、滑雪旅游、乡村旅游、文化旅游、商务会展旅游和海洋海岛旅游等旅游产品，推动旅游产业向特色化、国际化、标准化、规范化、信息化、生态化方向转变，提高旅游综合环境承载能力，严格控制沿海旅游开发建设项目，建立海域监测调控体系，预防调控海域危机对旅游业造成负面影响。

（三）旅游重点保护区

旅游重点保护区是指旅游环境承载力发展速度相对较快且基础数值偏高，旅游环境质量偏低的区域，包括广东、上海、天津，是我国沿海地区旅游产业发展的重点保护对象。该区域拥有现代都市景观、人文景观、滨海景观等，以人造景观为主，主要开发主题公园旅游、会议会展旅游、历史文化旅游、海洋旅游、城市旅游等旅游产品，具有较强的开放性，但旅游发展空间有限，旅游资源规模较小，旅游生态环境脆弱，环境污染严重。区域开发的重点是保护陆海生态环境和修复资源系统，统筹发展陆海产业，遏制不当开发行为，充分利用经济、科技、人才优势提高旅游资源开发效率和循环利用率，减缓旅游环境承载压力，避免出现旅游超载现象。

广东是我国沿海经济发达、交通便利、技术先进的省份，拥有丰富的海滩、海岛、海湾、山地、森林、历史遗址遗迹以及人文景观等旅游资源，深圳、广州、珠海、中山等地成为全国著名旅游目的地。广东旅游经济基础较好，旅游客源市场广阔，但是旅游贡献率不高，旅游环境综合承载力和各项承载力均处于中等水平，呈现缓慢增长趋势，这与其优越的区域条件不相匹配，主要是由于区域旅游业在产业中的地位不高，政府部门重视程度不足。因而，未来广东旅游业的发展应抓住建设海洋经济综合试验区的发展机遇，围绕低碳、环保、可持续发展理念，以生态修复、资源优化配置、休闲体验为主要功能，充分利用海洋旅游资源、自然生态景观、山林景观、人文古迹、民俗风情等旅游资源，深度挖掘客家文化、海洋文化、禅宗文化、华侨文化、百越文化、广府文化等文化内涵，打造滨海旅游产业集群、生态旅游产业集群、休闲文化旅游综合体，加强旅游资源一体化管理、旅游法制管理、食品卫生管理和财务安全管理，健全旅游预警机制、旅游保险系统和安全救助系统，增强区域品牌实力、旅游资源价值和旅游环境承载能力，减轻旅游环境压力，提高旅游环境质量和旅游服务水平。

上海是我国沿海地区国际化现代都市，也是国内外著名旅游目的地，拥有滨水景观、海域海岛风光、现代化建筑、民俗风情、主题文化等多种旅游资源，具有市场支撑、教育水平、经济实力和腹地资源优势，社区开放性较强，但同时区域经济发展给环境带来巨大压力，区域环境污染严重，海域生态系统受到破坏，旅游资源开发空间有限，区域旅游资源环境承载力和生态环境承载力指数在沿海地区排名靠后，旅游社会环境承载力、旅游经济环境承载力和旅游综合环境承载力指数较高，呈现超载危机状态。未来上海旅游业发展应以保护陆海资源系统和生态环境为基础，不断提高资源集约利用效益，采用低碳化、生态化、品牌化、个性化、现代化、信息化开发模式，完善旅游休闲、社会公共服务、预警预防和环境保护功能，打造国际化山水游憩、休闲度假、滨海娱乐、邮轮游艇、时尚购物、商务会展、节庆文化和主题游乐旅游品牌，规范旅游开发、经营管理行为，提高旅游资源承载能力和生态环境质量，有效推进国家级都市旅游综合配套改革试验区建设。

天津位于环渤海经济区和东北亚区域中心，毗邻北京，是我国著名近代历史文化名城、现代港口城市，城市历史文化底蕴深厚，拥有海洋滩涂资源、生物资源、海滩、滨海湿地、贝壳堤、山体景观、特色城市景观等自然资源，以及寺庙、意式建筑、纪念馆、博物馆、遗址遗迹、国际商埠、名人故居、民风民俗、特色美食等人文景观，形成了由文化休闲、都市观光、滨海度假、商务会展、工业旅游、乡村旅游等构成的旅游产品体系，都市经济基础雄厚，对外开放程度较高，旅游交通日益完善，初步形成了海、陆、空立体化综合交通体系，不仅开辟了爱国教育游、滨海新区游、滨海工业游等 10 余条旅游观光大巴专线，而且拥有国际邮轮码头，邮轮旅游接待能力逐渐增强。但是天津市地域范围较小，旅游发展空间有限，旅游资源承载力在沿海地区排名最低，旅游生态环境承载力、旅游经济环境承载力和旅游综合环境承载力呈现下降的趋势，旅游环境承载压力较大。未来天津应积极贯彻滨海新区发展战略，围绕可持续发展目标，以资源保护和环境治理为基础，加大旅游项目开发力度和深度，积极推进京津海岸、妈祖经贸文化园、滨海航母主题公园、滨海湖休闲度假旅游区、喜梦湾生态庄园、中澳皇家游艇城等项目建设，增强旅游服务体系，加强旅游信息服务功能，完善天津旅游资讯网、旅游政务网、环渤海旅游网等信息服务网站，启动旅游服务热点，逐步完善游客集散中心、导游服务中心和道路旅游标识系统的服务功能①，提高资源利用效率，加强区域合作，实现资源、信息、人才和技术共享，增强整体旅游环境承载能力。

---

① 王克婴：《博物馆之都：天津创意城市建设的模式选择》，《城市发展研究》2010年第 4 期。

第八章　结论

一　主要结论

　　本书将旅游环境承载力理论与预警理论相结合，以生态学理论、环境经济学理论、可持续发展理论和主体功能区划理论为指导，以我国沿海地区 11 个省、直辖市、自治区为研究对象，运用系统动力学模型对区域旅游环境承载力进行仿真分析。首先，系统梳理了国内外旅游环境承载力、旅游预警、旅游环境承载力预警理论研究进展，解析旅游环境承载力以及旅游环境承载力预警的相关概念与特点，初步形成旅游环境承载力的研究方法以及旅游环境承载力预警系统的内容体系；其次，以我国沿海地区 11 个省、直辖市、自治区为研究对象，分析区域基础环境、旅游业发展现状和旅游业的环境影响，探讨沿海地区旅游环境承载力预警研究的重要性；在此基础上，阐述旅游环境承载力预警系统的环境要素，进而构建预警评价指标体系，运用系统动力学方法、状态空间法和空间分析法建立旅游环境承载力预警仿真模型；接着运用 Vensim 软件仿真模拟 2004—2025 年沿海地区旅游环境承载力预警指数，并划分预警区间，从时序上分析 2004—2025 年间沿海地区旅游环境承载力预警系统及其子系统预警指数的变化规律，然后对各地区旅游环境承载力及其子系统预警指数进行空间差异、空间格局和空间关联分析，并以此为据对旅游环境承载力进行调控分析；最后从预警信息管理、法制管理、利益相关者管理、环境管理和区划管理五个方面提出发展对策。主要结论如下：

　　（一）将旅游环境承载力理论与预警理论相结合，形成旅游环境承载力预警的概念、研究方法、构成、特征、运行机制等理论体系。旅游环境承载力的研究方法主要由旅游环境承载力评价方法和预测方法构成，其中旅游环境承载力评价方法包括数值型评价和指标型评价法（模糊综合评价法、主成分分析法、灰色关联评价法、状态空间法和物元分析法等）两大类，旅游环境承载力预测方法体系包括回归预测法、时间序列法、人工神经网络、系统动力学等定量预测方法和专家预测法、市场调研法、交叉影响法、主观概率法等定性预测方法。旅游环境承载力预警系统具有动态性和预防性、累积性和滞后性、复杂性和系统性特征，基于旅游环境承载力系统构成可将其分为旅游资源环境承载力、旅游生态环境承载力、旅游经济环境承载力与旅游社会环境承载力四大预警子系统。旅游环境承载力预警需要遵循一定制度安排和步骤程度，即明确警情、识别警源、确定警兆、划分警界、预报警度、调控管理的运行机制。

（二）分析我国沿海地区旅游产业发展现状及存在的主要环境问题。首先，我国沿海地区旅游业发展具备良好的基础环境，主要体现在区域经济实力雄厚，无论是发展速度还是发展规模均在全国处于领先地位，并且建立了完善的水电、交通、通信等基础设施体系；区域气候适宜，水资源、海洋资源、海水浴场资源等陆海资源丰富，生态保护力度不断加大，同时，沿海地区也是自然灾害频发地带，沿海地区旅游产业发展面临安全隐患；沿海各地积极颁布经济发展规划和发展政策，海洋产业经济效益更加显著，其中海洋海岛旅游发展战略是贯彻海洋经济的重要内容。其次，我国沿海地区旅游业总体保持良好发展趋势，旅游资源及其开发状况方面，沿海地区拥有近海海岸带景观、海岛景观、水体景观、气候天象景观和生物景观等自然旅游资源，以及历史遗址遗迹资源、现代人造旅游资源和非物质文化资源等人文旅游资源，形成了多种类型品牌旅游景区景点，旅游资源相对丰度和绝对丰度较高，地理集聚现象显著，旅游资源优势得到较好发挥；旅游产业发展方面，区域旅游经济规模逐年增长、旅游经济效应逐渐增加、旅游企业接待能力不断增强、旅游空间合作与竞争并存；旅游产品开发方面，形成了滨海旅游、海岛旅游、海上旅游以及海底旅游四大类旅游产品体系，呈现显著的品牌化、海洋性文化特征；另外，旅游信息化是新世纪旅游产业深化发展的强大动力，智慧旅游正是这一趋势的突出表现，沿海地区智慧旅游建设水平在全国具有领先地位和示范作用；旅游发展政策是保障旅游业正常运行的必要手段，沿海地区积极贯彻执行旅游法和国家战略、制定旅游发展规划、建设旅游标准化示范区以及颁布地方旅游发展政策等。另外，旅游产业发展演变的过程是旅游系统与生态环境系统相互作用的过程，旅游业发展在一定程度上起到促进区域完善基础设施、提高居民人均收入、改善人居环境、加强历史遗址遗迹保护、增强环境保护意识等积极作用，同时旅游环境系统具有脆弱性和易损性特征，沿海地区旅游业集聚大量人流、物流、商流，不当的旅游行为、旅游严重超载现象等会对海陆生态系统造成干扰或破坏，会对土地环境、水环境、生物环境、大气环境和社会环境造成负面影响，为此亟须开展旅游环境承载力预警研究。

（三）旅游环境承载力预警指标体系与预警仿真模型构建。根据数据可获得性、结构严谨性、动态科学性、可量化综合分析原则，深入分析旅游环境承载力预警系统内外部环境要素，形成由 50 个指标组成的预警评价指标体系，详细解析指标含义，并对指标进行标准化处理，确定指标权重与标准。综合运用状态空间法、综合指数法定量测度旅游环境承载力，最关键的是构建系统动力学仿真模型，按照目标确定、系统辨识、结构分析、方程建立、仿真模拟和模型评估的系统动力学建模步骤，确定我国沿海地区旅游环境承载力预警系统的目标及边界，绘制因果关系反馈图，确定常量 113 个、辅助变量 66 个、速率变量 8 个和状态变量 8 个，建立旅游环境承载力各大系统方程，运用历史数据检验方法得出所建 SD 模型的合理性。

（四）我国沿海地区旅游环境承载力预警仿真分析。针对沿海 11 个省、直辖市、自治区，以 2004 年为基础年，运用 Vensim 软件对旅游环境承载力预警指数进行模拟仿真，确定警界区间，对沿海地区旅游环境承载力预警指数进行时序分析、空间分析和调控分析。结果表明，2004 年至 2025 年我国沿海地区旅游环境承载力预警综合指数呈现波动增长态势，2004 年处于健康区，2005 年处于成长区，2006—
2010 年再次恢复到健康区，2011 年进入超载区，2012 年回落到成长
区，历经健康区逐步发展到适载区，可见沿海地区旅游业发展面临环
境危机，旅游环境承载力超载问题呈现周期性特征，10—15 年将会
是一个循环周期，亟须制定区域发展规划，实施调控措施来缓解环境
压力，提高旅游环境承载能力。从各子系统发展趋势来看，旅游资源
环境承载力预警指数是持续攀升，2004—2011 年从成长区、健康区
发展到超载区，2012—2025 年旅游资源环境承载力与旅游环境承载
力预警指数的变化趋势保持一致，再次经历成长区、健康区到适载区
的变化过程，旅游资源环境承载能力持续增强，其增长速度表现为各
子系统中的最大值，存在超载危机；旅游生态环境承载力预警指数也
呈现增长态势，在 2004—2011 年与 2012—2024 年两个时间段内，均
从成长区、健康区上升到适载区，表明区域旅游生态环境总体状况较
好，但在 2025 年出现超载现象，表明沿海地区旅游业发展对生态环
境的负面影响日益加剧，存在生态环境危机；旅游经济环境承载力预
警指数总体呈现上升趋势，其数值在各子系统中最高，警情区间与旅
游环境承载力保持一致，对旅游环境承载力预警系统贡献程度最大，
是旅游环境承载力综合指数的重要影响因素；旅游社会环境承载力预
警指数是各子系统中的最小值，对旅游环境承载力综合预警指数的影
响作用最小，总体上呈现良好发展态势，但依然存在超载危机，需要
引起重视。

　　旅游环境承载力预警指数存在区域差异，并且这种差异随着时间
而发生改变，2004 年上海、天津、海南处于超载区间，广东、浙江
处于健康区间，江苏、福建处于成长区间，辽宁、广西、山东、河北
处于弱载区；到 2011 年，旅游环境承载力预警指数处于超载区间的
省份增加，包括上海、辽宁、天津、海南、浙江，江苏、广西处于健
康发展区，福建、广东处于成长区，河北、山东旅游环境承载力预警
指数仍然处于弱载区；2015 年沿海 11 个省、直辖市、自治区中除天
津处于适载区以外，其他地区均处于健康区；2025 年，我国沿海地
区除天津处于成长区、海南处于健康区之外，其他地区均发出超载警

号，旅游业发展将会对滨海环境造成严重影响，继续加强旅游环境保护和调控管理。

运用局部自相关分析法探讨旅游环境承载力预警指数空间差异的原因，2011 年上海、江苏、浙江属于高值集聚区，旅游环境承载力预警指数在空间上的集聚效应高于周边地区，并且被具有较高旅游环境承载力的区域所包围；福建、山东、广东、广西处于低值集聚区，表明区域旅游环境承载力在空间上的集聚程度低于周边地区，周边区域的空间正相关相对较高，表现出集聚型空间分布形态；天津、海南、辽宁处于高值离散区，表明区域发展较好，旅游环境承载力综合数值高于周边地区，但其周边区域数值较低，相邻地区的空间负相关性较高，表现为离散型发展模式；河北处于低值离散区，表明区域的综合值低于周边地区，相邻区域拥有较高的空间负相关性，表现为离散型空间分布形态。

旅游环境承载力预警调控分析是进行旅游环境承载力预警管理的关键。根据旅游环境承载力预警系统敏感要素设计 4 类不同发展方案及其参数变量，在保持其他参数不变的情况下，比较分析 4 类发展方案与原始发展方案的关系，结果表明资源要素和经济要素对旅游环境承载力的影响较大，旅游环境承载力对生态因素和社区因素敏感性不强，因此，根据旅游业发展的经济拉动型、资源依托型、生态效益型和社区参与型发展模式，提出"以优化资源配置为核心、以生态保护为目标、以经济发展为动力、以社会文明为纽带、以海陆统筹发展为基础、以旅游环境承载力预警系统为支撑"的综合型旅游发展模式，从而促进沿海地区旅游业协调发展。

（五）旅游环境承载力预警管理是预警研究的重要保障。我国沿海地区还应该通过构建预警管理信息系统、完善法制管理体系、协调利益相关者关系、优化系统内外部环境、划分旅游主体功能区（旅游先行发展区、旅游示范建设区、旅游重点保护区）等措施，加强旅游环境承载力预警管理，保障预警系统正常运行，提高预警预防效果。

二　创新之处

本书将旅游环境承载力理论与预警理论相结合，引入系统动力学动态测度方法，建立旅游环境承载力预警仿真模型，模拟2004—2025年沿海地区的旅游环境承载力预警指数，对其进行时序分析、空间分析和调控分析，并提出相应预警管理措施，主要创新点如下：

（一）构建了旅游环境承载力预警评价指标体系与预警仿真模型，完善了旅游环境承载力理论框架，丰富了旅游环境承载力预警内容体系。目前旅游环境承载力理论研究主要集中在旅游环境承载能力现实状况的静态分析，但缺乏对于旅游环境承载潜力的动态仿真分析。本书将预警理论运用到旅游环境承载力理论研究中，形成旅游环境承载力预警概念、内容、指标体系和运行机制等理论体系，构建由旅游资源环境承载力系统、旅游生态环境承载力系统、旅游经济环境承载力系统和旅游社会环境承载力系统组成的旅游环境承载力预警仿真模型，判别旅游环境承载系统可持续发展偏离期望状态，形成一种对区域旅游可持续发展状态进行监测、调控和管理的运行机制。研究成果具有可操作性，对于实现旅游业可持续开发、空间优化、产业升级和区域经济协调发展等有着较强的指导作用，也为政府、组织或相关决策部门制定战略决策提供了理论依据。

（二）对沿海地区旅游环境承载力进行仿真模拟的实证分析。本书通过建立旅游环境承载力预警仿真模型，以沿海地区11个省、直辖市、自治区为研究对象，以2004年为基期，对沿海地区旅游环境承载力预警指数进行模拟仿真，以深入分析其时序演化特征和空间变化格局，提出"以优化资源配置为核心、以生态保护为目标、以经济发展为动力、以社会文明为纽带、以海陆统筹发展为基础、以旅游环境承载力预警系统为支撑"的综合型旅游发展模式，为沿海地区以及其他地区旅游业发展提供参考。

三 讨论

　　旅游环境承载力预警研究是近年来备受关注的研究领域，本书对旅游环境承载力预警评价、中长期预测与调控管理等进行了初步研究，对于指导区域旅游产业系统与生态环境系统协调发展、统筹旅游产业的经济效益、生态效益和社会效益起到积极作用。但由于时间、精力等方面的限制，研究中仍有诸多不足，有待在将来的研究中继续完善与提升。

　　（一）旅游环境承载力预警 SD 模型具有诸多假定条件，评价指标和标准、各类型变量的设置具有一定主观性，不同学者研究背景、研究对象和研究目标不同，所构建指标体系与标准、变量、方程和流程图将会有所差异。本书是基于省域宏观层面的中长期预测分析，尚未涉及旅游景区、旅行社等旅游企业环境容量的瞬时分析与预测，在一定程度上不能全面反映我国旅游环境承载力警情状态，需要在今后的研究中进行深入探讨。

　　（二）本书构建的旅游环境承载力预警评价体系和 SD 仿真模型，是针对沿海地区的初步尝试，并结合沿海地区旅游环境承载力预警状态设计调控方案和预警管理措施，有利于促进沿海地区旅游产业稳步发展，但对于非沿海区域的指导作用具有一定局限性。另外，本书对于预警信息系统建设仅仅提出相关思路和功能结构，尚未真正设计基于新信息技术的旅游环境承载力预警信息管理与网络运作系统，在未来研究中需要开展更为深入的研究。